市政行业职业技能培训教材

下 水 道 工

建设部人事教育司组织编写

中国建筑工业出版社

图书在版编目（CIP）数据

下水道工/建设部人事教育司组织编写. —北京：中国建筑工业出版社，2004
市政行业职业技能培训教材
ISBN 978-7-112-06883-8

Ⅰ. 下... Ⅱ. 建... Ⅲ. 排水管道-维护-技术培训-教材 Ⅳ. TU992.4

中国版本图书馆 CIP 数据核字（2004）第 113039 号

市政行业职业技能培训教材

下 水 道 工

建设部人事教育司组织编写

*

中国建筑工业出版社出版、发行（北京西郊百万庄）

各地新华书店、建筑书店经销

北京市建筑工业印刷厂印刷

*

开本：850×1168 毫米　1/32　印张：9　字数：242 千字
2005 年 1 月第一版　　2015 年 10 月第二次印刷
定价：**18.00** 元
ISBN 978-7-112-06883-8
（12837）

本社网址:http://www.cabp.com.cn
网上书店:http://www.china-building.com.cn

本书包括的主要内容有：基础知识、下水道工程部分材料（成品）及常用机具设备、下水道施工机械使用与管理、水泥混凝土工程及钢筋混凝土施工、下水道施工测量、施工排水、开槽埋管、砌筑和砖石结构、排水管道附属构筑物及泵站沉井、顶管施工、排水工程的施工组织与管理等内容。

本书可供从事市政工程下水道工职业技能培训教材，也可供相关专业人员参考使用。

* * *

责任编辑：胡明安　姚荣华　田启铭
责任设计：孙　梅
责任校对：刘　梅　张　虹

出版说明

为深入贯彻《建设部关于贯彻＜中共中央、国务院关于进一步加强人才工作的决定＞的意见》，落实建设部、劳动和社会保障部《关于建设行业生产操作人员实行职业资格证书制度的有关问题的通知》（建人教〔2002〕73号）精神，加快提高建设行业生产操作人员素质，培养造就一支高素质的技能人才队伍，根据建设部颁发的市政行业《职业技能标准》、《职业技能岗位鉴定规范》，建设部人事教育司委托中国市政工程协会组织编写了本套"市政行业职业技能培训教材"。

本套教材包括沥青工、下水道工、污泥处理工、污水处理工、污水化验监测工、沥青混凝土摊铺机操作工、泵站操作工、筑路工、道路养护工、下水道养护工等10个职业（工种），并附有相应的培训计划大纲与之配套。各职业（工种）培训教材将初、中、高级培训内容合并为一本其培训要求在培训计划大纲中具体体现。全套教材共计10本。

本套教材注重结合市政行业实际，体现市政行业企业用工特点，理论以够用为度，重点突出操作技能训练和安全生产要求，注重实用与实效，力求文字深入浅出，通俗易懂，图文并茂。本套教材符合现行规范、标准、工艺和新技术推广要求，是市政行业生产操作人员进行职业技能培训的必备教材。

本套教材经市政行业职业技能培训教材编审委员会审定，由中国建筑工业出版社出版。

本套教材作为全国建设职业技能培训教学用书，可供高、中等职业院校实践教学使用。在使用过程中如有问题和建议，请及时函告我们，以便使本套教材日臻完善。

建设部人事教育司

2004 年 10 月

市政行业职业技能培训教材
编审委员会

《下水道工》

6

前　言

　　为了适应建设行业职工培训和建设劳动力市场职业技能培训和鉴定的需要，在建设部人事教育司的主持下，中国市政工程协会组织我们编写了《市政行业职业技能培训教材》系列丛书。本书《下水道工》是培训教材系列丛书之一，是依据建设部颁发的下水道工工种《职业技能标准》、《职业技能岗位鉴定规范》而编写的。

　　本教材主要特点是，集本工种应掌握的内容于一书，不再分为初级工、中级工和高级工分别编写，内容基本覆盖了"岗位鉴定规范"对初、中、高级工的知识要求，本教材注重突出职业技能教材的实用性，对基本知识、专业知识和相关知识有适当的比重，尽量做到简明扼要，避免教科书式的理论阐述和公式推导、演算。

　　由于我国存在较大的地区差异与行业差异，使用本教材时可根据本地区、本行业、本单位的情况，适当增删其中的内容。

　　本教材在编写过程中得到上海市市政培训中心、上海城市建设学校、上海市第二市政工程有限公司及上海市非开挖技术协会的大力支持。本书由上海市第二市政工程有限公司宋小才编写，该公司丁祥顺审稿。龚解华、冯亚莲、陈晓、王晓东、沈菊娣等同志为本书做了一定工作，在此谨向他们表示衷心的感谢。

　　由于编者水平有限，书中可能存在若干不足甚至失误之处，希望读者在使用过程中提出宝贵意见，以便不断改进完善。

编　者

目　　录

一、基 础 知 识

（一）排 水 工 程

1. 排水工程基本概念

（1）排水机制的种类

人们在日常生活中，会产生大量的污水。如盥洗、沐浴、洗涤、厨房内清洗食物、厕所内冲洗粪槽等用水后的排放。工业生产中也有大量的工业废水排放。这些带有细菌、病毒、有机物以及各种严重危及自然和人类健康的污水，在人口稀少排放量不大的地区，通过地表、土层流渗到地下和江、河、湖、海中，依靠自然界的净化、生态平衡，消除污、废水的危害。但是，随着人口增加和集中，现代工业的发展，使之排放的污、废水剧增，加上自然界生态失衡，集中降雨、降雪等自然净化的能力下降，环境日趋恶化，严重威胁着人们的健康和正常生活，并抑制国民经济进一步发展。所以必须对这些废水、污水、公害水进行收集、运送、处理，达到无污染排放。

根据不同的排水方式建立不同的排水系统，形成不同的排水机制，主要有合流制、分流制、不完全分流制和混合制等。

合流制：把所有需要排放的水（雨水、生活污水、工业废水等）汇集于同一管道进行排放的排水机制。

分流制：雨水由同一管道系统排放，而其他废、污水则由另一独立管道系统汇集，经污水厂处理后排放到江、河、海中，形成雨、污水分流。

不完全分流制：没有将污水、工业废水和雨水严格分流的排放机制。

1

混合制：同一地区或城市存在多种排水机制。

（2）排水工程的由来

要达到收集、输送、处理和排放废水、污水、公害水的目的，必须建造一系列的设施和构筑物。这些设施和构筑物称为排水工程。专门从事下水道作业的技术工种人员（即称下水道工）就是承担这些排水工程建造、维修养护的主要工作。提高这些人员的素质，不仅确保排水工程建造、维修、养护的质量，而且还直接影响着安全生产和本人的经济收益。这就需要积极开展下水道工职业技能岗位的培训。

2. 排水系统和排水管道（下水道）

（1）排水系统的主要组成部分

排水系统一般应具有收集、输送、处理和排放等功能，并建筑相应的工程设施。分为污水排水系统、工业废水排水系统和雨水排水系统等。

污水排水系统由卫生设备和室内污水管道、室外污水管道和附属构筑物、污水泵房及压力管道、污水处理和利用的构筑物、排入水体的出水口等五部分组成。

工业废水排水系统由生产区或车间设备和内部排水管道、工厂或矿区管道系统、泵房及压力管道、废水净化装置和输出管道出口等五部分组成。当然，工业中的无污染废水可直接排放至管道或水体中去。

雨水排水系统由房屋建筑排水管道、室外雨水管道系统、雨水泵房及压力管道、输出管道出口等四部分组成。

（2）排水管道（下水道）

排水管道（下水道）是排水系统中的主要部分，它起着收集、输送等功能。常用的断面有圆形、半椭圆形、马蹄形、蛋形、矩形、梯形等。如图 1-1 所示。

管材有混凝土、钢筋混凝土管，陶土管，金属管（钢管、铸铁管），玻璃纤维混凝土管，玻璃钢、玻璃钢夹砂管、强化塑料管，聚氯乙烯管等。

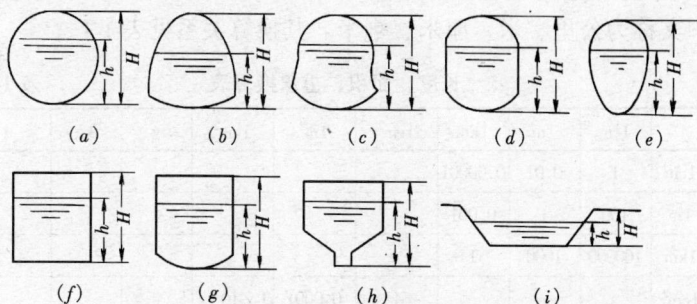

图 1-1　常用管道断面示意图

(a) 圆；(b) 半椭圆；(c) 马蹄；(d) 拱顶矩形；(e) 蛋形；(f) 矩形；
(g) 弧形流槽的矩形；(h) 带低流槽的矩形；(i) 梯形

(3) 排水系统附属部分

为了发挥排水管道的收集、输送功能，除管道本身外，在管道系统上，还需设置一些构筑物。这些构筑物包括检查井、雨水口、倒虹管及管道出口等。

(二) 计量及起重力学知识

1. 计量

人类开始进行计算时，就有对事物的量化概念，这就是计量。对下水道工普遍接触的长度、宽度、高度、深度、角度、坡度、面积、体积、重量等必须有所掌握。

(1) 长度、宽度、高度、深度

这四个度，实际上都是对两点间的直线度量，只是所处不同位置的相对称呼而言。

长度：在水平范围内，相对比其他方向量大的两点间距离。

宽度：在水平范围内，相对比长度方向量小的两点间距离。

高度：在垂直范围内，自丈量面以上的两点间距离。

深度：在垂直范围内，自丈量面以下的两点间距离。

这些度量单位是使用国际单位制中的 km、m、cm、mm 等，中文称为公里、米、厘米、毫米。其换算关系见表 1-1。

长度、面积、重量换算表　　　表 1-1

	1cm	1m	1km	1cm²	1m²	1km²	g	kg	t
1cm	1	0.01	0.00001						
1m	100	1	0.001						
1km	100000	1000	1						
1cm²				1	0.0001	1×10^{-10}			
1m²				10000	1	0.000001			
1km²				1×10^{10}	1000000	1			
g							1	0.001	0.000001
kg							1000	1	0.001
t							1000000	1000	1

（2）角度

从同一点引出的两条射线所组成的图形叫角。两条射线的公共端点为角的顶点。用"∠"表示。图 1-2 所示为角的五种形式。

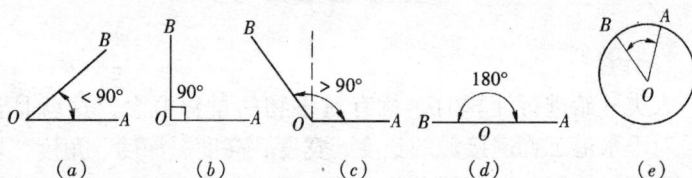

图 1-2　角的形式
（a）锐角；（b）直角；（c）钝角；（d）平角；（e）圆心角

角的度量单位以度、分、秒表示，写为"°"、"′"、"″"。它们的关系是 $1° = 60′$，$1′ = 60″$。度的来源是将圆分成 360 个圆心角，每个圆心角的大小就为 $1°$。角的度量工具是量角器。在测量角度的仪器中一般都装有角度的显示盘，能直接读出其角度值。

（3）坡度

斜坡起止点的高度差与水平距离的比值，叫做坡度。见图 1-3。记作为"i"，$i = \dfrac{h}{b}$，通常以 $1:k$ 表示，k 为坡度系数。$k = \dfrac{b}{h}$。

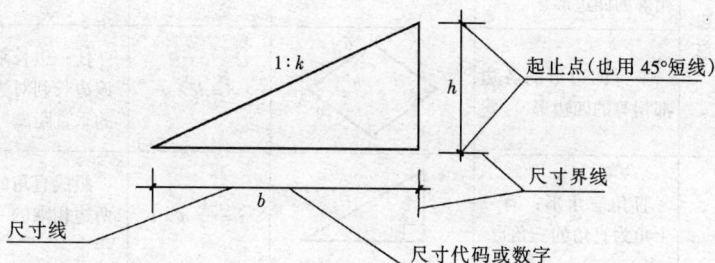

图 1-3　坡度示意图

管道铺设中的坡度，顺着流水方向由高向低的坡度称落水坡度，反之称倒落水坡度。

（4）面积

度量一个面的大小即为面积。在此指的是平面面积，且有一定规则的。面积的度量单位以 km^2、m^2、cm^2……，中文读作平方公里、平方米、平方厘米等。其换算关系见表 1-1。

面 积 计 算 表　　　　　　　　表 1-2

形状	类别名称及定义	图　示	计算方法	备　注
四边形	正方形：四边相等，相邻两边相互垂直的四边形		$S = a \times a$	边长的自乘
	长方形：对边相等，相邻两边相互垂直的四边形		$S = a \times b$	长、短边长的相乘

形状	类别名称及定义	图　示	计算方法	备　注
四边形	平行四边形：相邻两边不等，而对边相等又平行，其对角又相等的四边形		$S = h \times b$ 或 $S = h' \times a$	某边长乘该边长到对边的垂直距离
	平行四边形的各边都相等的四边形		$S = h \times a$	任一边长乘该边长到对边的垂直距离
三角形	直角三角形：有一个角为直角的三角形		$S = \dfrac{1}{2}\, a \times b$	组成直角的两边相乘的一半
	等腰三角形：有两条边相等的三角形		$S = \dfrac{1}{2}\, h \times b$	底边乘底边到顶角的距离的一半
	等边三角形：有三条边相等的三角形		$S = \dfrac{1}{2}\, h \times a$	任一条边乘该边到顶角的距离的一半
	任意三角形：三条边各不相等，且内角无直角的三角形		$S = \dfrac{1}{2}\, h_a \times a$ 或 $S = \dfrac{1}{2}\, h_b \times b$ 或 $S = \dfrac{1}{2}\, h_c \times c$	某一条边乘该边到顶角的距离的一半
圆	圆：由圆心和圆周组成的图形		$S = \pi \times r^2$	π乘圆半径的平方
部分圆	扇形：两条半径所夹的某一圆内的图形		$S = \dfrac{1}{2}\, l \times r$	弧长乘圆半径的一半

形状	类别名称及定义	图　示	计算方法	备　注
部分圆	弓形：某圆的圆周上两点连线与两点间圆周所包围的面积，两点连线为弦，弦的中心到圆周的垂直距离为弓高		$S = \dfrac{1}{2} l \times r - \dfrac{1}{2} ah$	扇形面积减去三角形面积
	圆环：同一个圆心，两个不同半径所形成的圆周间的面积		$S = \pi \times r^2 - \pi \times d^2$	大圆面积减去小圆面积

体 积 计 算 表　　　　　　　　　表 1-3

形状	类别名称及定义	图　示	计算方法	备　注
正方体	正方体：由六个面积相等的正方形组成的立方体		$V = a \times a \times a = a^3$	边长×边长×边长
长方体	长方体：由三组两两相等的 6 个（也可能一组两个正方形）正方形组成的立方体		$V = a \times b \times c$	长边×宽边×高边
圆柱体	圆柱体：由上下两个相等的圆与一个曲面的侧面组成的立体		$V = \pi \times r^2 \times h$	圆面积×侧面的高

7

形状	类别名称及定义	图　示	计算方法	备　注
直圆锥体	直圆锥体：把直角三角形夹直角的一边为轴，旋转一周，而构成的立体		$V = \dfrac{1}{3} \pi \times r^2 \times h$	底面积×高的1/3

下水道工一般接触的面积有四边形、三角形、圆形等。其计算方法见表1-2。其中，到一定点的距离相等的点集合称圆周，该定点即为圆心，圆心到圆周上任一点的距离为半径，以 r 表示。被圆周所包围面的大小即为圆面积。π 为圆周率，值为3.1415926……（一般取 3.14 或 3.1416）。

（5）体积

度量一个立体物的大小即为体积。在此指的是具有一定规则的体积。如：正方体、长方体、圆柱体、直圆锥体等。其计算方法见表1-3。体积的度量单位以 m^3、cm^3……，中文读作立方米、立方厘米等。它的来源是用各个边长等于长度单位（如 1cm 或 1m 等）的正方体的体积作为标准。其换算关系见表1-1。

（6）重量

地球吸引物体的力即是该物体的重量，也称地球对物体的重力。常用的单位是公斤、吨，国际符号为 kg、t。其换算关系见表1-1。

（7）计算器的使用

计算器使用的方法，一般在购买计算器时都附有说明书，了解说明书上的内容，基本都会使用。关键是常用常练，一般来说有一台普通的计算器就可以满足日常的计算。

其使用的步骤：开启电源、按算式要求按各种键、取得结果、关闭电源。常用的功能键有＋、－、×、÷四则运算、平方、立方、开方等。

这里要提醒注意的是：

1）根据算式要求按各种键时，务必认真检查算式的正确性，注意运算的优先程序，即平方、开方优先于四则运算，四则运算中先乘除后加减的程序。对于具有优先程序计算功能的计算器，它会自动按程序进行计算，而对于无优先程序计算功能的计算器，必须要人为优先。必要时，配合括号的功能来实现优先程序的计算。当然，括号不仅仅用于此功能，它还有聚集运算一连串算式（数据）的功能。

2）在计算前或将数据储存到记忆库前，务必先按 CE 或 C 键，对显示板或记忆库进行清除，免得运算出错。

3）在计算器故障状态或电池电力不足的情况下不能进行运算，否则，运算结果会混乱或出错。

2. 起重力学知识

（1）一般力学知识

1）力的三要素

如果一个物体受到力的作用，必定是另一物体对它施加这种作用，其效果是物体的运动状态发生变化，或是物体的形状发生变化。所以，力必须具备其大小、方向和作用点。力的大小、方向和作用点就称力的三要素。力是不能离开物体而独立存在的。在力学中常遇到的有重力、弹性力、摩擦力等。

力的大小是用力的单位制来衡量。如牛顿（N）、千牛（kN）等表示。方向是用箭头表示。作用点直接用点表示。

2）压力和压强

地球上的一切物体都受到地球引力的作用，地球对于物体的这种吸引力，叫做物体的重力。人站在地面上，由于人的重力，人就压着地面，即人对地面有一个作用力。我们通常把垂直作用在物体表面上的力叫压力。

在工地上遇到污泥地面，人走上去，脚有可能被陷入泥中，往往垫上一块木板，人在板上行走或作业，就可避免被陷入泥中。不难看出，人与物体的重力通过脚底面积作用在污泥上，远比通过大于脚底面积的木板上，其单位面积受的压力大得多，所以脚就容易陷下去。这个单位面积所受的压力，我们称作为压强。它不仅与压力的大小有关，而且还与受力面积的大小有关。公式如下：

$$压强 = \frac{压力}{受力面积} \qquad (1-1)$$

可见，在受力面积不变的情况下，压强与压力成正比，压力越大，压强也越大。反之，压强也就越小。在压力不变的情况下，受力面积与压强成反比。受力面积越大，压强就越小。反之，压强也就越大。

3）重心

物体各部分重力的合力作用点即为重心。可以认为物体的全部重力都作用在重心上。对形状规则的物体重心较好找。如：长方体重心在对角线的交点上；正三角锥体重心在中线的交点上；圆柱体重心在圆柱高度一半的截面圆心上等。对非规则形状的物体重心就不太好找了。

充分了解、利用物体重心的规律和特点，能使起吊、安装物体时确保平衡，不发生起吊物倾斜、翻倒、转动等现象。物体的重心越低，支承面越大，物体所处的状态越稳定。物体重心与支承面的关系，有四种情况：

①稳定状态：物体重心作用线在支承面的中心上；
②平衡状态：物体重心作用线在支承面的范围内；
③倾覆状态：物体重心作用线在平面以外；
④不稳定状态：物体重心作用在支承点上。

4）运动和惯性

①运动

一个物体相对于其他物体位置的变化叫做机械运动，简称运动。如行驶着的车辆，相对路旁的树木和房子，它在不断变化其位置；又如吊机吊重物，相对地面，重物不断改变其高度。车辆和重物都在运动。

运动具有三种基本形式：平动、转动和振动。

如果物体上任意两点的连线，在运动过程中始终保持平行，此运动为平动；

如果物体上的各点，在运动过程中都围绕着同一轴线作圆周运动，此运动为转动；

如果物体上的各点，在运动过程中都在某一位置的附近作往复运动，此运动为振动。

②惯性

静止着的物体，在没有外力作用下，都具有保持原有静止状态的特点。而运动着的物体，如果没有外力作用（如：阻力、摩擦力、侧向撞力等）它将会保持原来速度在运动。我们把物体具有保持原来运动状态不变的性质，叫做物体的惯性。

日常生活中车辆由静止状态变为运动状态时，空车比装有货物的车容易加速到额定速度，但同样速度运行的车辆，需要紧急刹车时，空车也比有货物的车辆容易刹住。由此可见，物体惯性的大小，决定于物体的质量，物体的质量越大，它所具有的惯性就越大。

于是，人们找到了一个规律——惯性定律：如果物体所受到的合外力（即外力的合力）为零时，那么该物体将保持原来的运动状态，即原来静止的物体将保持静止，原来运动的物体将保持匀速直线运动。

5）摩阻力

物体间接触表面相互移动时，其间会产生一种与物体移动方向相反的力，阻止物体移动，这个力被称为摩阻力或称摩擦力。摩阻力可分为静摩阻力、滑动摩阻力和滚动摩阻力三种。

某物体在另一物体上，受到一个较小的拉力，处于静止不动。说明该物体除受到拉力外，还受到阻碍它运动的作用力，这就是另一物体对该物体的摩阻力。在这两个力的共同作用下，该物体仍处于静止状态，这时的摩阻力叫静摩阻力。当拉力继续增加时该物体还是静止不动，说明静摩阻力随拉力的增加而增加。

当拉力增加到一定值时，该物将动未动，此时的静摩阻力达到最大值，被叫做最大静摩阻力。

某物体在另一物体表面滑动时产生的摩阻力叫做滑动摩阻力。

某物体在另一物体表面滚动时产生的摩阻力叫做滚动摩阻力。

实践证明，在表面性质相同的情况下，滚动摩阻力要比滑动摩阻力小。所以在搬运重物时往往采用滚动的方法比滑动的方法要省力得多。当然摩阻力的大小与正压力成正比，和物体的材料性质、接触面的光滑程度有关，但与接触面无关。

6）形变

当物体受到外力作用时，它的形状会发生改变，我们把物体在外力作用下形状的改变叫形变。有时将弹簧拉长或压缩，松手后弹簧会恢复原状，说明弹簧在受到外力作用时产生形变，但在外力停止作用后，弹簧恢复原状，形变消失。这种在外力停止作用后能完全消失形变的叫做弹性形变。物体具有弹性形变的性质叫做弹性。

如果外力超过一定限度，即使在外力停止作用后，弹簧再也不能恢复原状，弹簧的形变不再完全消失，此限度称弹性限度。在外力停止作用后仍然保留下来的形变称塑性形变。物体具有塑性形变的性质叫做塑性。

弹性和塑性在日常生产和生活中应用很广，如汽车上的弹簧钢板、紧固件中的弹簧垫圈等，均属弹性的应用；冲压汽车外壳、钢筋的冷拉等，均属塑性的应用。

7）杠杆原理

①杠杆

在力的作用下，一根直杆或曲杆能绕一个固定点（即支点）转动，此杆就称杠杆。日常生活中的秤杆、剪刀，生产中的起重撬杠、手动抽水机上的压杆等都属杠杆。

杠杆围绕转动的一点（A 点）叫支点，放重物的地方（B

点）叫重点，用力的地方（C点）叫力点（图1-4）。从支点到重点作用线的垂直距离（AB）叫重臂，从支点到力点作用线的垂直距离（AC）叫力臂。

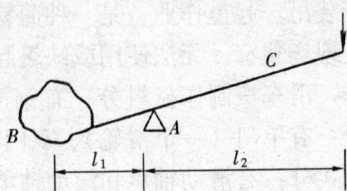

图 1-4

②杠杆的种类

杠杆按支点、重点、力点相互位置的不同，可分为三类：

支点在中间类的杠杆，如：秤杆、羊角榔头和起重用的撬杠等；

重点在中间类的杠杆，如：起吊重物的动滑轮车、绞盘等；

力点在中间类的杠杆，如：人们用锹甩土等。

③杠杆原理

杠杆的平衡条件是：重力×重臂＝力×力臂　　　　（1-2）

从条件看，若重力不变，则力臂越大，用力就越小，可以省力。然而，这里力臂是指力的方向与支点间的垂直距离。重臂是指重力方向与支点的垂直距离。它与力臂、重臂的曲直无关。

例如：用一撬杠撬500kg重物的一端，撬杠的力臂长为2m，重臂长为20cm，问需要多大的力才能将重物的一端撬起？

根据条件：重力×重臂＝力×力臂

重物一端的重量应为 500÷2＝250kg，则力＝250×20÷200＝25kg。可见，撬起重物一端需要的力为25kg。

④杠杆的机械利益

在杠杆上物体的重力和力的比值或力臂与重臂的比值叫做杠杆的机械利益。即：

$$杠杆的机械利益 = \frac{重力}{力} = \frac{力臂}{重臂} \qquad (1-3)$$

（2）滑轮和滑轮组知识

1）滑轮

滑轮又名辘轳、滑车、吊滑车等，它与绳索或钢丝绳组合进行装吊、起重作业，是一种简易轻便的起重工具，特别适用于施工现场狭窄，无法使用或缺乏起重机械的场合。

滑车按制作材料分：有钢滑车和木滑车之分；按滑车轮数分：有单门（一个滑轮）、双门和三、四直至八门之分；按轴承形式分：有滑动轴承和滚动轴承之分；按连接件形式分：有吊钩型、链环型、吊环型和吊梁型之分；按夹板可开闭状况分：有开口滑车和闭口滑车之分；按使用方式分：有定滑车和动滑车之分；

其中，开口滑车的夹板可打开，便于装绳索，一般都是单门，主要起导向作用。定滑轮是固定在起重设备架上，它可用来改变方向，但不能省力。由于滑车轴承、钢丝绳与滑轮底槽间摩擦力的存在，使用定滑轮时，起吊的拉力比起重物的重量要大。而动滑轮在使用中随起重物移动，它能省力，但不能改变用力的方向。

2）滑车组

滑车组由一定数量的定滑车和动滑车，与绕过它们的绳索组成的简单起重工具。它充分利用了定、动滑车各自的特长，达到既省力又能改变力的方向之目的。

①滑车组种类中的几种：

A. 跑头（滑车组引出的绳头）从动滑车引出，此时用力的方向与重物移动方向一致，见图 1-5（a）。

B. 跑头从定滑车引出，此时用力的方向与重物移动方向相反，见图 1-5（b）。

C. 双联滑车组

施工中常采用多门滑车组成的双联滑车组，见图 1-5（c），它有两个跑头，可用两台卷扬机同时牵引，故其速度可快一倍，且具有滑车组受力比较均匀，工作时滑车不易产生倾斜等优点。

②滑车组绳索的穿法

滑车组绳索有普通穿法和花式穿法两种。普通穿法，是将绳自一侧滑轮开始，顺序地穿过中间的滑轮，最后从另一侧滑轮引

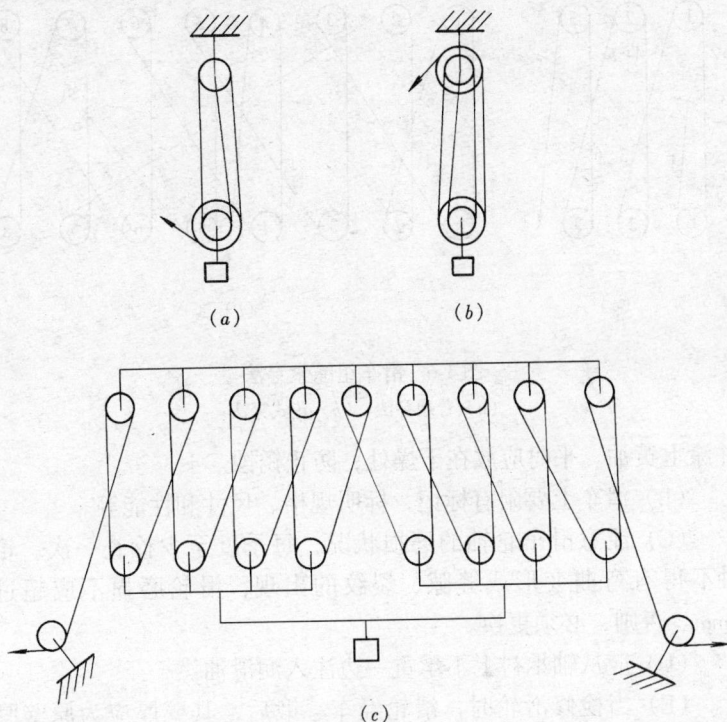

图 1-5　滑车组的种类

出。这种穿法，滑车组工作时两侧钢丝绳的拉力相差较大，如图
1-6（a）。其跑头 7 的拉力最大，第 6 根为次，固定头受力最小，
所以滑车在工作中平稳性差。花式穿法的跑头从中间滑轮中引
出，两侧钢丝绳的拉力相差较小，它能克服普通穿法的缺点，使
用 3 门以上的滑车组时建议用花式穿法，如图 1-6（b）。滑车组
穿绕动滑车绳子根数称几绳，也叫走几。若动滑车上穿绕 5 根钢
丝绳，则称"走 5"。

③滑车的保管和使用

A. 滑车的保管

（A）滑车轮轴应保持清洁，使用前后都要将滑车洗刷干净

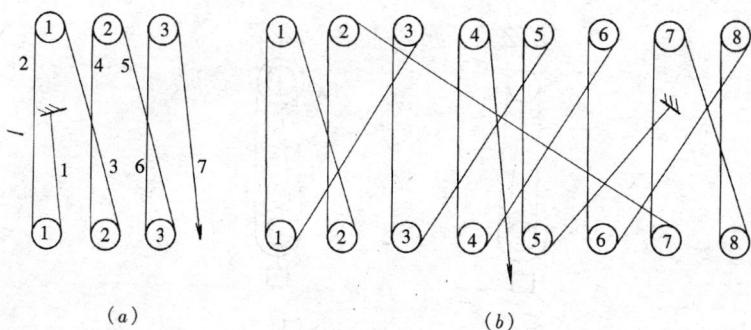

图 1-6　滑车组绳索穿法

(a) 普通穿法; (b) 花式穿法

并涂上黄油。平时应放在干燥处,防止锈蚀。

(B) 滑车上要附有标记,标明规格、尺寸和性能等。

(C) 注意滑车轮轴的磨损状况,每季度至少检查一次。轮轴不得有弯曲变形或缝隙、裂纹的出现,滑轮磨损不应超过3mm。否则,必须更换。

(D) 应从轴承衬上不承重一边注入润滑油。

(E) 当检修滑轮时,滑轮经车、锻后,其壁厚应为原壁厚的80%以上,方可使用。

B. 滑车的使用

(A) 使用前检查滑车轮轴、轮槽、夹板、吊钩(吊环)等各部分,有否裂缝和损伤,转动部位是否灵活可靠等。

(B) 使用滑车时,起重量必须在滑车的允许荷载范围内,并确保必要的安全度。滑车的滑轮直径不能小于钢丝绳直径的16倍,且钢丝绳必须与轮槽相适应。

(C) 多轮滑车的起重量要使各轮平均负荷,不能以其中一个或两个滑轮承担全部荷重。

(D) 钢丝绳的牵引方向和导向轮安放的位置须正确,防止在绳索行走中滑出轮槽,而被卡住,以致发生事故。

(E) 使用滑车起重时,严禁用手直接攀抓正在行走的钢丝绳，必要时采用撬棍接触钢丝绳。

（F）刚穿好的滑车组，要慢速加力，待绳索初步收紧后停止加力，检查各部分状况是否良好，有否卡绳、绞绳等，若有不当，纠正后再继续工作。

（G）滑车的吊钩（吊环）中心应与起吊构件重心在同一条铅垂线上，以免构件起吊后不平整，滑车组上下滑车间的最小距离根据具体情况而定，一般为 70~120cm。

（3）地锚知识

地锚又称地龙、锚锭。它用来锚固设备和绳索等物，如卷扬机、缆风绳、导向滑车等。一般采用的有地锚桩（又叫缆风桩）和地锚（地龙）两种。

1）地锚桩（缆风桩）

一般用 180~300mm 直径的圆木，长约 1.5m，略斜打入土中，外露 30cm 左右。它的承受拉力不很大，为了扩大压强面，适当增加其承受力，往往在桩的受力面加挡板或将两排桩连成一体共同受力，见图 1-7。

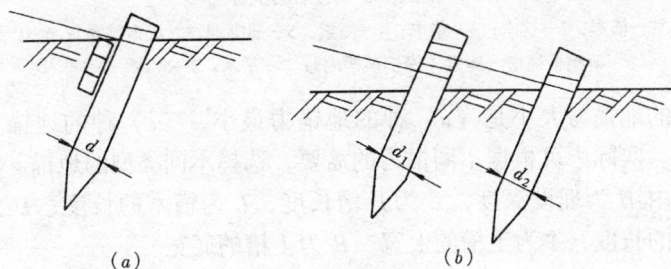

图 1-7 地锚桩的类型

2）地锚类型

地锚的形式大致有三种，见图 1-8。

该三种的区别，在于锚的形式分别为纯横木、横木上设平木及在横木上设平木的基础上，在其前方再设立木和排木。三种类

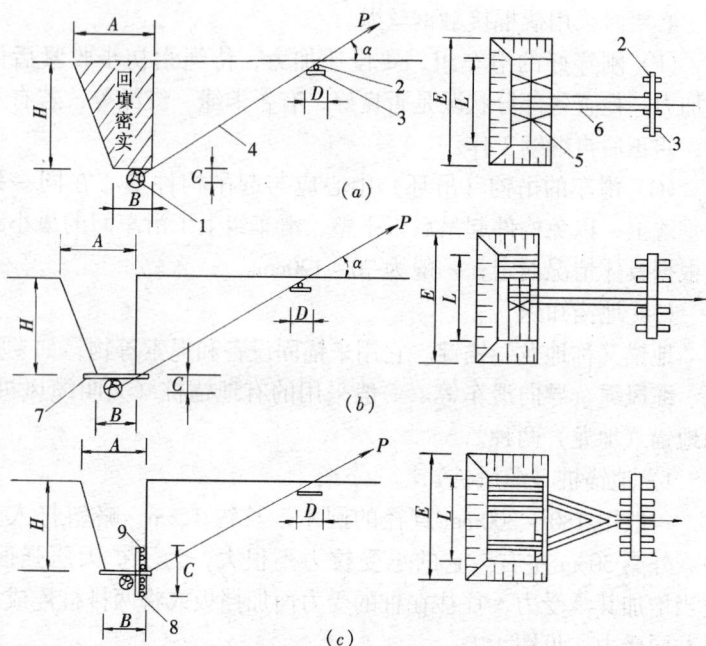

图 1-8 地锚的类型

1—横木；2—枕木；3—垫木；4—绳索；5—捆绑钢丝（或钢丝绳）；6—U 形
薄钢板绳槽（绳索 4 置于该槽内）；7—平木；8—立木；9—排木

型的地锚力大小是（a）种的地锚力最小，（c）种的地锚力最大。实际中可根据不同锚力的需要，选择不同类型的地锚。其中图内 H 为埋设深度，E 为开槽长度，L 为横木的长度，D 为垫木的长度，A 为土槽的上宽，B 为土槽的底宽。

3）地锚施工的要点

①地锚所使用的材料必须保证质量。不得使用腐朽木料、受伤的钢丝或钢丝绳。

②在锚力的作用下，地锚中的横木、排木施于土壤上的力，不得超过土壤的允许承载能力。必要时可用垂直木栅或柱木置于横木、排木与土壤间，扩大其对土壤受压面积，减少地锚对土壤

的压强。

③为防止锚桩自土中被拔出，横木长度和深度的设置，务必确保一定的值，回填土必须密实。且埋设点要平整，不潮湿，不积水。

④地锚木的尺寸要根据拉力的大小和系绳索点的多少来确定。确保木料不被拉断，且绳索不致于勒伤木料。在拉力很大时，可用粗钢筋加工成环状圈替代捆绑钢丝（或钢丝绳）。该钢筋环必须焊接良好，单面搭接焊的焊缝长度为大于8倍钢筋的直径，具有足够的抗拉、抗剪能力。

⑤埋设点的位置选择，应使生根后引拉钢丝绳的方向尽可能地与受力方向一致，不使地锚受力状况恶化。

⑥地锚埋设后，必须进行试拉才能正式投入使用。试拉时要有专业人员检查，以便及时整改、检修，防止事故的发生。

⑦利用其他构筑物替代地锚时，必须确认构筑物的稳定可靠、牢固安全，进行必要的受力计算。且不能对构筑物造成损坏及环境破坏。必要时，应取得使用批准。

(4) 起重吊装

起重吊装是专业性很强的工种，各行业有各自的起重吊装要求，有各自的特殊性。例如，有港口的起重吊装，有化工设备、电力设备、机械设备的起重吊装，有建筑的起重吊装，也有我们市政工程的起重吊装等等。起重吊装也称为起重安装。当然，它们也有其共性部分。下述主要是下水道工施工中的起重吊装内容。

1) 起重索具

①绳索

绳索是起重索具。有纱绳、棕绳、尼龙绳、涤纶绳和钢丝绳等。

纱绳，它是用棉纱线拧制而成，具有一定的柔性。因为它耗用供应较紧张的棉花，又不承受大的拉力，所以现在很少使用。

棕绳，又称白棕绳。它是由优质麻纤维制成，有油浸和不油浸之分。油浸后的棕绳，其抗潮防腐性能强，但强度较不油浸的棕绳低10%~20%；而不浸油的棕绳，在干燥状态下，强度和弹性都好，但受潮后的强度要降低50%。白棕绳的拉力强度只有同直径钢丝绳的10%左右，且易磨损。因此，一般只用于临时或次要吊重或平地拉重、捆扎构件、拉绳或吊重不大的拔杆缆风等。

尼龙绳和涤纶绳，它是由尼龙丝（或带）或涤纶丝（或带）制成。它的优点是质轻、柔软、耐腐蚀，并有弹性、减少冲击等特点。它的抗拉强度比棕绳大。其缺点是伸长显著，当额定满载时最大伸长率可达40%左右，它的表面较光滑被捆物容易滑动，在使用中务必注意。

钢丝绳（或又叫钢丝索），它是由几股钢丝子绳和一根绳芯拧成，每根子绳由许多直径为0.4~3.0mm，强度在1400~2000MPa的高强度钢丝组成。它强度高、韧性和耐磨性较好，在高速下运动，运转平稳，无噪声，外部磨损后会产生许多毛刺，容易检查，便于预防等优点。但它不易弯曲，必须有匹配的卷扬机卷筒和滑轮。

随着使用材料的变化，钢丝绳的性能也会有不同。对于同直径的钢丝绳，其所组成的单根钢丝直径越小，则组成钢丝绳的钢丝数就越多，该钢丝绳就柔软；钢丝绳的绳芯采用麻棉材料，则该钢丝绳具有较好的绕性和弹性，但它不能承受横向压力，也不耐高温；若采用软钢丝材料做绳芯，则该钢丝绳具有较大强度，并能承受横向压力及耐高温，但其绕性和弹性较差。

钢丝绳缠拧方法有三种，即顺绕、反绕和混合绕。顺绕是指钢丝绳拧转方向和子绳拧的方向相同，该钢丝绳虽柔软但容易弯曲、松散和压扁，因此该钢丝绳不常使用；反绕钢丝绳正好与顺绕钢丝绳相反，它的使用广泛，但其使用寿命短、刚性大是它的弱点；混合绕则具有顺反绕两者的优点，可它的制作较为复杂。

钢丝绳通过其股数和钢丝数量加以区别，有6股7丝（6×7+1），6股19丝（6×19+1），6股37丝（6×37+1），6股61丝

$(6 \times 61 + 1)$ 等多种。常用的有 $6 \times 19 + 1$, $6 \times 37 + 1$, $6 \times 61 + 1$ 三种，其中 $6 \times 19 + 1$ 一般较多用于缆风（浪风）。具体使用要通过力的计算、设备的配套和场合选定等予以确定。

根据使用的需要，日常将钢丝绳加工成两头圆圈形的吊索，又称千斤。它大大方便起重吊装时对物体的捆绑，以及进行钢丝绳端头的紧扣和连接。

②卡环（又叫卸扣、卸甲）

卡环是一种可以装拆的连接索具。用于吊索间或吊索和构件间的连接。它是由弯环与销子（又叫芯子）两部分组成。有直形卡环和马蹄形卡环两种，每种卡环按销子的连接方式又分为螺旋式卡环和滑络卡环。螺旋式卡环用螺纹连接销子和弯环，而滑络卡环则采用弯环上无螺纹孔与销子连接，可直接抽出。

③索具套环（又叫三角圈、鸡心环、桃子圈）

索具套环是压有绳槽的钢板弯成三角形圆圈，三角形圆圈之形状类似于鸡心状、桃子状，又名就此而得。索具套环主要装置在钢丝绳端头，作为钢绳附件，防止钢丝绳受挤压而磨损，使弯曲部位呈一定弧度不易折断，使绳环保持一定形状。因此，索具套环大多在钢丝绳的编结和连接固定点处使用。

④钢丝绳夹头（又叫线盘、夹线盘、轧头、钢线卡子等）

钢丝绳夹头配置表　　　　　　　　表 1-4

钢丝绳直径（mm）	夹头个数		夹头间距（mm）	钢丝绳直径（mm）	夹头个数		夹头间距（mm）
	白齿形	压板式			白齿形	压板式	
13	3	3	120	28	4	5	200
15	3	3	120	32	5	6	250
18	3	4	150	35	5	6	250
21	4	4	150	39	5	7	300
24	4	5	200	42	6	7	300

钢丝绳夹头是专门用于卡接钢丝绳的,如:连接两根钢丝绳,夹紧钢丝绳末端,绑扎拔杆,固定各种起重设备中某些部位等。

通常钢丝绳夹头有铸造夹头和锻造夹头两种。与钢丝绳连接有骑马式(臼齿形)、压板式和卷握式三种。其中骑马式的连接力最强,应用也最广。选用夹头的尺寸规格和数量应与钢丝绳的尺寸相适应。一般应使其 U 形环的内侧净距比钢丝绳直径大 1~3mm,太大则卡不紧,容易发生事故,表 1-4 供配置时参考。

⑤开式索具螺旋扣

开式索具螺旋扣又叫花篮螺丝,是利用丝扣进行伸缩,常用在捆绑构件,紧松缆风方面,使拉紧钢丝绳,并起到调节松紧的作用。

开式索具螺旋扣的种类较多,通常以它端部的形状来分,主要有 OO 型、CC 型、CO、CU、UU、OU 型等 6 种。使用中以 CC 型最方便,OO 型最安全。

⑥吊钩

吊钩为起重吊装中常见的工具,除了在起重装置中用以悬挂物体外,也在起重机上作为主要零件进行悬挂物体。

吊钩有单钩和双钩之分。每一种又有长钩和短钩之分。吊钩的上端有螺旋部分,用于和架子固接。螺旋下端圆形部分是钩柱,钩体呈弯曲形状,有一定开度,以便能够放进悬挂物体的绳索。钩体弯曲部分一般都用梯形断面。

2)绳结打扣

在起重、吊装、系缆风桩及绳索接长的作业中,经常要使用各种绳索扣结。现介绍几种常用结扣,见图 1-9 和表 1-5。

3)起重吊装

起重吊装也称为起重安装,其作业范围广,情况复杂,操纵方法随作业对象、时间、地点、工具设备和人力等而有所不同。一般有机械化吊装、半机械化吊装和手工吊装三种。

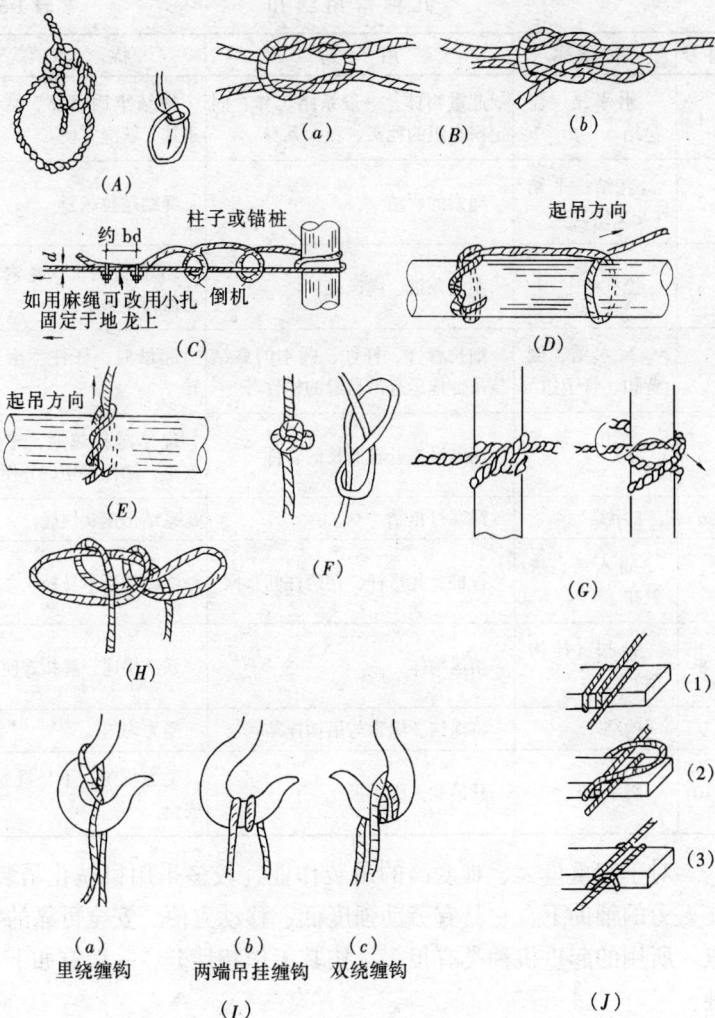

柱子或锚桩

约 bd

如用麻绳可改用小扎 倒机
固定于地 龙上

起吊方向

起吊方向

里绕缠钩 两端吊挂缠钩 双绕缠钩
(I)

(a) (B) (b)

(C) (D)

(E) (F) (G)

(H)

(1)

(2)

(3)

(J)

(a) (b) (c)

图 1-9 几种常用结扣

(A) 水平结、琵琶结；(B) 直结、平结（交叉结）；(C) 拴柱结；(D) 系木
结、倒背扣、管子扣；(E) 背扣、管子扣；(F) 8 字结；(G) 插入结、鲁班
扣；(H) 抬扣（挂钩结）；(I) 钩结；(J) 脚手结

23

序号	结扣名称	用　途	特　点
1	水平结、琵琶结	起重物体、一般系结工作、固定滑车组的死头、救人系身	绳结牢固可靠、结绳迅速、解绳方便
2	直结、平结（交叉结）	绳索的联结	绳结越拉越紧
3	拴柱结	系地龙桩、缆风桩	由于有倒机，绳索受力后，绳头受力小
4	系木结、倒背扣、管子扣	细长管件、杆件、圆木的系结装吊，拖运起吊易滑的构件等	起吊时，杆件不会旋转
5	背扣、管子扣	用麻绳提升轻而长的管件	绳结越拉越紧，牢靠安全，卸件后松口方便
6	8字结	绳端打粗结	系结迅速、快捷
7	插入结、鲁班扣	拔桩、扎扒杆、在两柱间张网	绳结紧而不易松
8	拾扣（挂钩结）	抬运物体	系结快速，解扣方便
9	钩结	将绳结、绳索与吊钩连结	受力均匀
10	脚手结	悬吊载人脚手板	受力均匀，不易滑脱，安全

对于起重量大、难度高的吊装作业，较多采用机械化吊装。在人力的辅助下，它具有劳动强度低、移动方便、安全可靠的特点。所用的起重机种类有很多，按其工作特性分，一般有如下几种：

固定式回转起重机——用来提升重物，能在圆形（或扇形）面积范围内作移动，如桅杆起重机。

运行式回转起重机——具有行走装置，能沿轨道或在地面上运行，如汽车式起重机。

缆索式起重机——既能提升重物又能使重物在水平方向作一

定范围内的移动。

龙门式起重机——既提升重物，又能使重物在矩形面积范围内作水平移动，如龙门行车。

以上几种形式的起重机，目前在市政工程施工中使用最多的是运行式回转起重机，它装有行走装置，灵活性大，几乎可服务于整个施工场地，且能整机运输。这种类型的起重机还可分为履带式、轮胎式和汽车式等几种，以汽车式为最常用。

在机械的辅助下进行人力的起重作业属于半机械化吊装，例如通过各种拔杆，配合卷扬机、滑车等机具进行作业，它的劳动强度较大。但在缺乏起重机械、地形场地限制等情况下，显示了它的极大优势。

完全依靠人力，仅使用一些手动起重机具进行起重作业的，属于手工吊装，如使用摇车配合各种小型拔杆的吊装、用环链手动葫芦吊装等。由于它的劳动强度大，生产效率低，安全度差，目前较少采用。

4）拔杆知识

①独脚拔杆

独脚拔杆是由桅杆、支座、缆风和滑车组四大部分组成。

桅杆是独脚拔杆的主要部件，有木质和钢质两种，钢质又有钢管和组合构件之分。桅杆的断面和长度应根据起吊构件的重量和起吊高度来确定。木质桅杆一般取用杉木或红松，适用起吊高度在 15m 以内，以整根坚固的木料为妥，有严重节疤、裂缝弯曲和腐烂的木料不能使用。

支座的作用，是把桅杆所受的全部荷载传至基底。简易木拔杆的支座可用木板或方木制成，为了便于移动，大型拔杆的支座往往在桅杆根部底设滚筒和跑道板，然而起重时必须用木楔垫实，防止走动。支座的基底要平整坚实，防止受载时产生沉陷。

缆风是保持独脚拔杆在起重作业时的倾斜度（一般 ≤10°）和稳定之用。缆风与地面的夹角 ≤30° 为佳，如因场地限制，夹角可适当增大，一般以独脚拔杆高度的两倍来控制缆风的水平距离。缆风的根数一般≥6根。为了防止桅杆在起重作业过程中产生过大倾斜，全部缆风均需拉紧。

独脚拔杆中的滑车组是由导向滑车（开口滑车）和单门定滑车组成，较少使用动滑车。导向滑车绑扎在桅杆根部，定滑车绑扎在桅杆的顶部，两者方法基本相同，但必须牢固可靠。为防止滑车下滑和在起重作业中起重物件时，不致于与桅杆相碰，所以在桅杆上端绑扎定滑车绳索的下方，要垫一块方木。

独脚拔杆的竖立方法一般有：拖拉法、吊立法、旋转法、起板法四种。

拖拉法是利用缆风绳作为拖拉绳，卷扬机直接把高度不大、重量较轻的拔杆竖立起来。这种方法要注意两个环节，一是拔杆的头部要高于杆身，这样可以减少卷扬机的拉力，等拉到将近垂直时，用收紧或放松缆风来调整垂直度；二是拔杆的根部要绊住，阻止整个拔杆在起拉时向拉力方向移动。

吊立法是用一根轻型辅助拔杆将所立拔杆顶部起吊，在杆接近垂直时，固定杆根部，收紧缆风，调整好状况即完成了立杆。

旋转法是用一根辅助拔杆，其长度约为将立拔杆高度的1/2，并把辅助拔杆上的滑车组安设在将立拔杆上部1/4附近处，固定杆根部，开动卷扬机使拔杆绕着杆底旋转而竖起，收紧缆风，调整好状况即完成了立杆。

起扳法与旋转法基本相同，所不同的是起扳法的辅助拔杆也跟着旋转。

以上四种方法的共同点是：拔杆的垂直最终都是依靠调整缆风松紧实现的，故在竖立时务必加强缆风绳作业人员的责任心，应懂得稍有疏忽，拔杆就有倾倒的危险。同时必须注意拔杆根部的稳定，若不牢固绊住根部，拔杆无法竖起来。当然，操纵时一定要选用足够强度的钢丝绳，以免造成危险。

②人字拔杆

人字拔杆是由圆木或钢管、组合钢质构件、缆风、起重滑车组、导向滑车组等组成。在顶端用钢丝绳将木质桅杆绑扎成人字形，或将两根钢管，或两根组合钢质构件连接加工成人字形的拔杆。在人字拔杆的顶部交叉处，悬挂起重滑车组，拔杆下端两脚的距离，约为高度的 1/2 ~ 1/3，为了防止拔杆两脚向外滑移，用钢丝绳将拔杆两下端联系起来。

人字拔杆的缆风数量一般按拔杆的起重量和起吊高度来决定，常不少于 5 根，其中两根后缆风应呈八字形，夹角控制在 45° ~ 60°，缆风坡度 2:1。

人字拔杆的竖立，可依靠起重机械或另立一付小的人字拔杆，类似于吊立法、起扳法的操作。

人字拔杆与独脚拔杆相比，具有侧向稳定性好，缆风量少的优点，但构件起吊后的活动范围较小。

（三）水力学的一般常识

水力学是研究液体（主要是指水）宏观机械运动的规律及其在工程中应用的一门专业基础学科，是通过基本理论和实验力学相结合的经验性学科，它涉及的领域较为广泛，能应用于环境、市政建设、土木、交通运输、航空和水利等领域。

1. 液体的主要物理性质

惯性是物体保持原有运动状态的性质。

密度是单位体积的质量，以符号 ρ 表示。

$$\rho = \frac{\text{质量}}{\text{体积}} = \frac{m}{V} (\text{kg/m}^3) \tag{1-4}$$

重力密度是单位体积的重量，以符号 γ 表示。$\gamma = \rho g$ （1-5）

黏性，即液体在受到外力作用下，通过变形来抵抗外界的切向作用力的性质为液体的黏性。

压缩性是液体在压力作用下改变自身体积的特性。

热胀性是由于温度的变化，液体改变自身体积的特性。

表面张力，即由于分子间的吸引力，在液体的自由表面上能够承受极其微小张力，这种张力称为表面张力。

汽蚀是液体在流动过程中，当液体与固体的接触面处于低压区，并低于气化压强时，液体产生气化，在固体表面产生很多气泡，若气泡随液体的流动进入高压区，气泡中的气体便液化，这时液化过程中产生的液体将冲击固体表面，将固体表面造成疲劳，并使其剥落，这种周期性运动的现象称为气蚀。如离心泵的叶轮表面腐蚀，往往就是气蚀的作用。

2. 静止液体压强的表示方法：有绝对压强和相对压强两种计算基准

以无物质分子存在的或虽存在但处于静止状态下的压强为起算点，所表示的压强为绝对压强。

以当地同高程的大气压强为起算点的压强为相对压强。

压强的度量单位是单位面积的作用力，以符号 Pa 表示，国际单位制为牛顿/平方米即 N/m^2；将压强转换成相应的液体高度表示，如 $10mH_2O$（即为 10m 水柱高）。

（四）土力学与工程地质知识

1. 岩土知识

地球外部的一层坚硬的外壳称地壳，厚约 50～80km，它是由坚硬的和疏松的物质所组成。人们把这些处于自然作用或人类活动范围内的组成地壳物质，不论是疏松的（卵石、砂、黏性土等）还是坚硬的（岩浆岩、沉积岩、变质岩等），当把它们作为建筑物地基、建筑材料或建筑环境（介质）来研究时，都称为土。

这些坚硬的和疏松的物质——土，是由各种元素所组成的，而这些元素在一定的地质条件下（温度、压力等）会呈现单质或结合成化合物出现——称矿物。而矿物在地壳中亦很少是单独存在的，它们常呈集合体出现——称岩石。

矿物的主要物理性质包括：形态；光学性质——颜色、光泽、条痕色；力学性质——解理、断口、硬度、弹性；以及其他性质（如比重、磁性等）。

2. 工程地质的基本常识

利用地质的规律、特征等为工程所用，这部分的地质内容就称为工程地质。

（1）风化作用

岩石受到大气、水和生物的作用发生物理、化学变化，使岩石破碎（量变）或改变其化学成分（质变）的作用，称为风化作用。它可分为物理风化、化学风化和生物风化。风化作用将对工程建筑物的地基起着不良影响，大大降低岩石的强度。必须避免风化作用对工程的损害。不仅要有预防风化作用的措施，而且要有改善风化岩层、甚至铲除风化产物的有效措施。

（2）斜坡岩体的移动

1）崩塌：由于经受长期风化剥蚀或震动作用，巨大岩块在自重作用下，瞬息间突然而猛烈地崩落。它是山岳地区的一种普遍的物理地质现象。主要是由地质构造的不稳定、岩石性质决定了抗风化能力弱、山坡坡度及表面构造的恶化以及自然界对山坡产生破坏和震动等因素所引起的。

2）岩堆（倒石堆）：斜坡上岩石，由于物理风化而产生的碎块、碎屑，因重力作用超过它的摩擦阻力，沿斜坡崩落、散落或滚动，并堆积在斜坡脚下而形成的堆积体。其颗粒大小不一（多为碎石、碎片所组成，夹有少量的大石块），具有棱角，透水性好，易于受水流的搬运，造成边坡不稳定性。

3）滑坡：斜坡土体在重力作用以及其他因素的影响下，失去原有的稳定状态，沿斜坡以一定的滑动面向下作长期而缓慢的"整体"移动。滑坡有均匀滑坡、顺层滑坡和切向滑坡之分。

（3）水对工程地质的作用

1）地表水的地质作用

沿陆地表面流动的水为地表水，它来源于雨水、融雪水或地下水。它对斜坡上的土进行暂时性急流冲刷而形成沟谷，称为冲沟。冲沟给工程带来极为不利而有明显的破坏作用，必须加以预

29

防和必要的改造措施。

2）地下水的地质作用

①土的水理性质：土中的水对土的形态、性质有着很大影响。当黏性土中的含水量很低时，它与固体物质一样；在含水量增加到某一范围时，它和橡皮泥类似，可以捏成各种形状，土的这种性质称为塑性；当含水量继续增加超过某一界限时，它像很稠的液体，不能保持一定的形状，会产生流动。因此，黏性土随含水量的增加，逐渐地从固体状态经过塑性状态变成流动状态。这就是土的水理性质。通常用塑限、液限、塑性指数、液性指数等指标来反映不同土的水理性质的差异。

所谓塑限（W_P）是指土由固体状态变到塑性状态时的分界含水量。一般用搓条法测定。

所谓液限（W_L）是指土由塑性状态变到流动状态时的分界含水量。一般以锥式液限仪测定。

把液限与塑限之差称为塑性指数（I_P）。即 $I_P = W_L - W_P$。它受土颗粒表面积的大小和黏土矿物亲水性的综合影响，是黏性土分类的重要指标。若土中黏粒含量愈多，土粒的比表面积愈大，那么这种土的塑性指数就愈大。这表示土处于塑性状态的含水量变化范围就愈大。

液性指数是判别黏性土软硬程度（或稀稠程度）的一个指标。其计算按式（1-6）：

$$I_L = W - \frac{W_P}{I_P} \qquad (1-6)$$

式中　W——土的天然含水量

当液性指数 $I_L < 0$ 时，土呈坚硬状态；当 $0 < I_L < 0.25$ 时，呈硬塑状态；当 $0.25 < I_L < 0.75$ 时呈可塑状态；当 $0.75 < I_L < 1$ 时，呈软塑状态；当 $I_L > 1$ 时呈流塑状态。一般情况，处于硬塑或坚硬状态的土具有较高的承载力；软塑或流动状态的土具有较低的承载力。

②土的渗透性

渗透是水在多孔介质运动的现象。土的渗透性是指水流通过土体的方便程度。在开挖基坑、挖筑沟槽时，坑底、坑壁、槽底、槽壁在地下水位线以下部位常有地下水渗入，其水量、渗流速度各不相同，这与土的渗透性有关。工程上把土的渗透性用渗透系数 K 表示各种土的透水能力。单位是 cm/s（厘米/秒），即单位时间水的流经长度。

渗透系数通过试验取得。若土中渗透水流呈流线状态，则渗透速度与水力坡度成正比。当水力坡度等于 1 时的渗透速度称为土的渗透系数。以达西定理表示，即 $V = KJ$（V – 渗透速度，cm/s；K – 渗透系数，cm/s；J – 水力坡度。）表 1-6 反映了各种土类的渗透系数值供参考。了解土的渗透性对于土中排水、用井集水、供水和施工排水有着充分的依据。

土的渗透系数表　　　　　　　　　表 1-6

土的名称	渗透系数 K 参考值（cm/s）	土的名称	渗透系数 K 参考值（cm/s）
粗砂	$1 \times 10^{-2} \sim 10^{-1}$	黏土	$1 \times 10^{-7} \sim 10^{-6}$
砂类土	$1 \times 10^{-4} \sim 10^{-2}$	重黏土	$\leqslant 1 \times 10^{-7}$
砂质粉土	$1 \times 10^{-5} \sim 10^{-3}$	泥炭	$1 \times 10^{-4} \sim 10^{-3}$
粉质粉土	$1 \times 10^{-6} \sim 10^{-5}$		

（4）地质勘探报告的应用及阅读知识

1）地质勘探报告的应用

工程建筑物，包括房屋建筑、道路、铁路、桥梁、下水道、地下建筑、堤坝乃至穿河凿洞筑隧道等，都是建筑在地球表面（地壳）上，为不受地质作用影响，必须了解地球表面（地壳）的复杂地质分布、变化、承受能力以及地质同其他环境的相互影响的情况和规律，充分利用地质条件，确保工程建筑物的安全性、稳定性以及耐久性。为此，地质部门应提供包括工程建筑设计、施工和使用过程中所涉及到的，经工程地质勘察后所整理出的工程地质勘察报告。

工程地质勘察报告一般由两部分组成，即工程地质勘察报告书和有关图件、照片及相关的文字说明。工程地质勘察报告书大致有序言（说明工程概括、勘察任务和目的、勘察方案等）、总论（包括地理位置、山势水系、气候、气象、植物、土壤及水文等，地质概述，地貌及物理地质现象、水文地质概述、土工等试验资料、建筑材料和有用矿产）、专论（涉及专门地质勘察内容、特殊需要资料，如取土坑的分布及有关表格，抽水试验资料，隧道洞口洞身地质资料等）和结论（包括工程地质说明书。其中提出地质评论，对构筑物影响以及措施和建议等）；图件、照片及相关的文字说明，包括工程地质测绘实际材料图、综合工程地质图或工程地质分区图、综合地质柱状图、工程地质剖面图及各种素描图，现场情况照片及相关的文字说明。

一般在施工方面，应用地质勘察报告对工程设计与施工有关内容进行复核；施工组织设计中以地质报告为依据，对施工安排、地基加固、施工排水、地下水位降低、周围环境保护、施工设备选择、临时工程确定以及材料采集包括用水、用气等给予落实。

2）地质勘察报告的阅读

工程地质勘察随着工程具体类别性质的不同而有着不同的具体内容，它们提供的地质勘测报告也有所不同。但大致可根据上述的报告内容，逐一对照本工程具体情况，认真分析阅读。

3. 岩土分类、鉴定和物理、力学性质

（1）岩土的分类

根据岩土工程勘察规范，岩石作为工程地基和环境可按其成因，根据其强度、风化程度、结构类型以及软化系数给予分类。按成因可分为岩浆岩、沉积岩和变质岩；根据其强度、风化程度、结构类型进行分类，可分为二、四、五类不等；按软化系数分类，则分为软化岩石和不软化岩石两类。当然，具有特殊成分、结构特征和性质的岩石应定为特殊岩石，并分为易溶性岩石、膨胀性岩石、崩解性岩石和盐渍化岩石等。

至于土的分类，可按堆积年代、地质成因、有机质含量和土颗粒级配或塑性指数分类。堆积年代分老堆积土、一般堆积土、新近堆积土；地质成因分残积土、坡积土、洪积土、冲积土、淤积土、冰积土和风积土；有机质含量分有机质土、泥炭质土、泥炭三类；土颗粒级配有碎石土和砂土之分，碎石土有漂石、块石、卵石、碎石、圆砾、角砾六类，砂土有砾砂、粗砂、中砂、细砂和粉砂五类；根据塑性指数的大小分为碎石土、砂土、粉土和黏性土。

具体的可以在岩土工程勘察规范中查阅。

土的简易鉴定经验方法 表1-7

土类	名称	用手搓捻时的感觉	用肉眼及放大镜观察时的情况	土 的 状 态		
				干 时	潮湿时	潮湿时将土搓捻的情况
砂土	砂砾		大于2mm的颗粒占少数，小于砂或粉粒加黏粒的含量	疏散	无塑性	不能搓成土条
	粗砂	粗糙的砂粒	看到比较粗的砂居多	疏散	无塑性	不能搓成土条
	中砂	不太粗糙的砂粒	看到的砂粒不太粗	疏散	无塑性	不能搓成土条
	细砂	细的砂粒	看到细的砂粒多	疏散	无塑性	不能搓成土条
	粉砂	极细的砂粒	看到极细的砂粒多	疏散	无塑性	不能搓成土条
粉砂土	砂质粉土	含细颗粒较多	看到砂粒而夹有黏土粒	没胶结	无塑性	难搓成细条，搓至3～5mm即断
	黏质粉土	砂粒多，土饼易压碎	可看到细的粉土颗粒，并含有砂粒	土块不硬，用锤打时易成细块	有塑性、黏着性	不能搓成长的细土条
黏性土	粉质黏土	干时揉搓感到砂粒很少，土块难压碎	可看到细的粉土颗粒，其中无砂粒	土块不硬，用锤打时易成细块	塑性与黏着性较大	揉搓可得1～2mm直径的细土条，小土球压成扁块时，周边不易破裂

33

土类	名称	用手搓捻时的感觉	用肉眼及放大镜观察时的情况	土 的 状 态		
				干 时	潮湿时	潮湿时将土搓捻的情况
黏性土	黏土	潮湿时用手握，感觉不到砂粒，土块很难压碎	黏土构成的均匀细粉末物质	土块坚硬，用锤可将土块变成小土块，但不易成粉末，干土块不易用手压碎	塑性和黏着性极大，易于沾手涂污	可搓成小于1mm直径的细土条，易于团成小球，压成扁土块时，周边不易破裂

（2）岩土的鉴定

岩土的鉴定应在现场观察描述的基础上结合室内外试验，综合确定其工程地质特征。为了确保鉴定正确，对现场观察的描述必须符合岩土工程勘察规范来进行。

进行岩土鉴定不是件容易的事。它必须从实践经验和科学的方法两方面进行。这需要长期积累经验。表1-7（土的简易鉴定经验方法）是多年的经验方法之一，供参考。

（3）岩土的物理、力学性质

1）土的物理性质指标

在一般情况下，土是由固体颗粒、水和空气三部分组成，常称土的三相体。为能说明其三相及其中的概念，用三相图表示土的组成部分，从而导出有关指标。见图1-10。

这三部分的比例关系随着周围条件的变化而变化。土中的颗粒、水和空气相互的比例不同，体现土稍湿或很湿，密实或松散等不同状态。采用土的物理性质指标反映这些状态和评价土的工程性质。

土的主要物理性质指标有相对密度、密度、含水量、孔隙比、饱和度等。见表1-8。

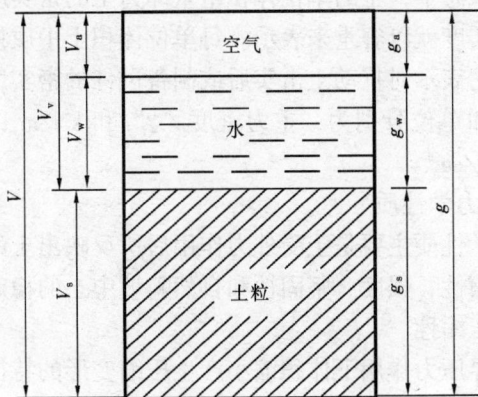

图 1-10 土的三相图

V、g——土样的总体积、重量；

V_s、g_s——土样中固体颗粒的体积、重量；

V_w、g_w——土样中水的体积、重量；

V_a、g_a——土样中气体所占的体积、重量；

V_v——土样中空隙的体积即 $V_v = V_w + V_a$

土的主要物理性质指标   表 1-8

名 称	符号	物 理 概 念	表 达 式	单 位
相对密度	G	土粒重量与同体积的水在 4℃ 时的重量之比	$G = g_a / V_s \cdot 1/\gamma_w$ $\gamma_w = 1\text{g/cm}^3$	—
密度	ρ	土在天然状态下，单位体积的重量	$\rho = g/V$	1g/cm^3、t/m^3
含水量	W	土中水的重量与土颗粒重量之比	$W = g_w / g_s \cdot 100\%$	%
干密度	ρ_d	单位体积中固体颗粒的重量	$\rho_d = g_s / V$	1g/cm^3、t/m^3
孔隙比	e	土中孔隙的体积与土颗粒体积之比	$e = V_v / V_s$	—
饱和度	S_γ	土中水的体积与孔隙体积之比	$S_\gamma = V_w / V_v \cdot 100\%$	%

注：以上物理性质指标，土的密度、相对密度、含水量三个是最基本的指标，由
　　试验直接测定。其他指标可以由此换算得出。

在天然状态下，土的单位体积重量即为土的密实度。对原状土的天然密实度就以容重来表示。每单位体积土中质量的比值为相对密度，它表示对扰动土击实后或制备试件的密实度。国际上通用的符号和单位分别为：重力密度"γ"和 kN/m^3；密度"ρ"和 kg/m^3 或 g/cm^3。

2）土的力学性质

土的力学性质主要是土受外力作用后所反映出土的特性。其包括土的压缩性、强度、坚固性和自然斜坡中土的稳定性。

①土的压缩性

土在外界压力作用下体积缩小产生压缩变形的特征称为土的压缩性。

土的压缩性一般通过试验取得压力关系曲线，由压缩曲线的形状可以形象地说明土样压缩性的高低。试验方法主要有杠杆加压法、快速试验法及黄土（黄土类土）压缩试验。如图 1-11 即为常见的孔隙比 e 和压力 P 的变化曲线。

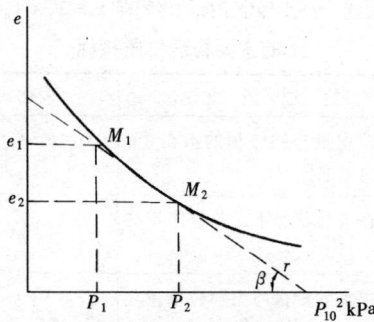

图 1-11　e-p 关系曲线

土的压缩指标往往采用土的压缩系数 α 和土的压缩模量 E_s 表示。土的压缩系数是将压缩曲线中 $M_1 M_2$ 看做一直线，该直线的斜率 α 即称为压缩系数。土的压缩模量 E_s 与弹性材料的弹性模量相似，为应力和应变的比值。单位是 kg/cm^2。

②土的强度

土抵抗外力破坏其内部联结的能力，即显示了土的强度。有土的抗压强度、抗弯强度、抗剪强度和抗冲击强度等。较为普遍影响的是土的抗压强度和抗剪强度。其中由抗剪强度控制为多。

土抵抗压力的能力为抗压强度，它通过无侧限抗压强度试验取得，以 q_u 表示，单位为 kPa。

土体抵抗剪切变形的能力为土的抗剪强度，以 S 表示，单位为 kPa。它的试验方法有直接剪切试验、三轴剪切试验及十字板剪切试验等，抗剪强度的参数有内摩擦角 ϕ 和凝聚力 c。

$$S = \sigma \mathrm{tg}\phi \qquad (1-7)$$

$$S = c + \sigma \mathrm{tg}\phi \qquad (1-8)$$

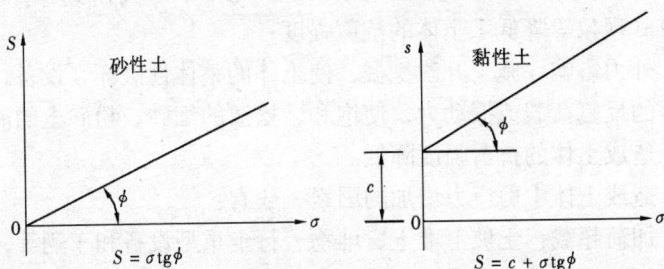

图 1-12 抗剪强度与垂直压应力的关系曲线

图 1-12 为试验后所得的曲线。这里的式（1-7）、式（1-8）都反映了砂性土的抗剪强度，它仅与垂直压应力 σ 有关，而 $\mathrm{tg}\phi$ 即相当于摩擦系数，称为土的内摩擦系数；而黏性土除了与垂直压应力、摩擦系数有关外，还与垂直压应力 σ 无关的内聚力 c 有关。这里的 ϕ 就称为土的内摩擦角。

从以上看出，土的抗剪强度由 c、ϕ 值来反映，其值愈大，则土的抗剪强度也大；反之，则就小。

③土的坚固性

土抵抗开掘钻进的能力为土的坚固性。是一项综合性的土质反映。它与土的强度、深度、地质形成以及土与环境相互关系有关。

4. 土坡的稳定及防治

（1）土坡的稳定

土坡的稳定，取决于土坡的土体抗剪强度与坡体中的剪应力间的相互关系。当土体抗剪强度大于坡体中的剪应力，土坡处于稳定；当土体抗剪强度等于坡体中的剪应力，土坡处于稳定的临界状态；当土体抗剪强度小于坡体中的剪应力，就出现土坡的失稳。

造成土体的抗剪强度降低因素一般有：

气候变化：造成土体由表及里地风化，裂隙增加和扩大，使整体的抗剪强度降低；

水的侵蚀：使土质软化变松，以及地下水渗流，动水压力引起流砂现象等降低了土体的抗剪强度；

外力影响：施工开凿挖掘，使土体的整体性破坏，设备、车辆等的反复荷载或振动力，使饱和、松散的细砂、粉砂土的液化等，造成土体的抗剪强度降低。

造成土体中剪应力增加的因素一般有：

加荷超载：土坡上堆土、堆物、行走重型设备和车辆等，人为地加荷超载，使之剪应力增加；

气候或环境变化：使土体含水量增加，导致土的自重加大，剪应力势必增加，如天雨降水、河水泛滥、地下水提升、土体裂隙中的静水压力的增长等；

由此可见，不论是土体的抗剪强度降低和土体中剪应力增加造成土坡失稳，均与水的关系甚大。

对每个放坡开挖或填筑的土坡工程以及工程养护，要使土坡稳定，都应事先按其规模和复杂性做好必要的地质勘探和环境、气候等调查工作，并对土体稳定性进行预测，以防止土坡失稳，根据理论分析和以往类似工程的经验，制定严密的施工组织设计和环境保护措施。必要时实行施工中的土坡监控，做好土坡稳定的防治。

（2）土坡失稳的防治

施工中防治土坡失稳常用措施有：

卸载：在土坡上部主动区内卸去一定量的荷载，有效地减少土体中剪应力，防止滑坡体的措施及减轻支挡结构所承受侧向推力。

排水和护坡：土坡上的地表水要采用排水沟及时排走，必要时要采取防渗措施，防地表水渗入坡体。坡面上对永久或半永久性的地方，可植树、植草皮、砌筑浆砌片石、水泥砂浆护坡等加以护坡；对临时性的地方，可采取覆盖油布、毛毡纸、或用渗透性差的优质土，覆盖面层加以护坡，防止外来水渗入坡体。

井点降水：在地下水位高及水位变化频繁的地区挖坡、成坡、基坑等施工时，可采取井点降水把土体内的水疏干，减轻土体自重力，防止地下水渗流及动水压力引起流砂现象而造成土坡失稳。这在砂质土中效果明显。

支挡：根据土坡推力的大小、方向和作用点，采用行之有效的支挡结构，抵御土坡的侧向滑移，以不使土坡的抗剪强度降低。例如重力式挡墙、阻滑桩、横列挡板支撑、钢板桩支撑等等。

（五）识图和制图

1. 识图基本知识

（1）施工图的种类

在市政工程中，常用的图纸有基本图和详图两种。

基本图：用来表达某工程整体内容的施工图。其内容包括工程的外部形状、内部构造以及相关的地面情况等。主要作为整体放样、定位等的依据。有工程布置图、管道定位图等。

详图：把某些无法在基本图上显示工程结构物的某些局部形状，或是复杂部位的详细构造等，通过放大比例，详细表达其形状、结构、尺寸和材料作法等所绘制的施工图。主要用于具体结构、施工细部等的放样依据。有平面图、剖面图、断面图、局部构造图等。

当然，施工图还能作为具体施工、工艺实施、质量检验、工程计量、施工养护等的重要依据。

（2）施工图的规格

1）图幅及图标

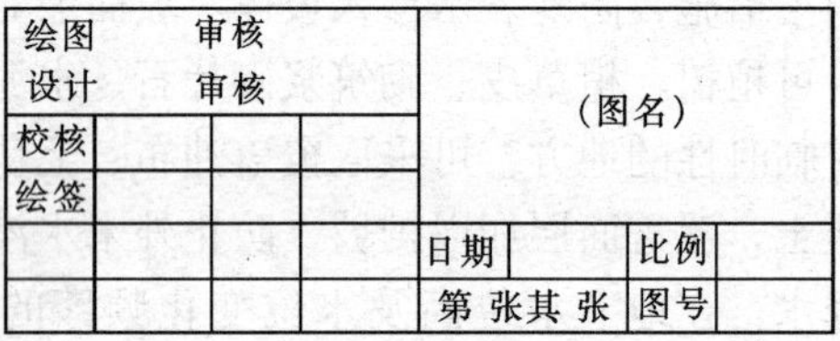

绘图		审核			
设计		审核		（图名）	
校核					
绘签					
				日期		比例	
				第 张其 张	图号	

标题栏

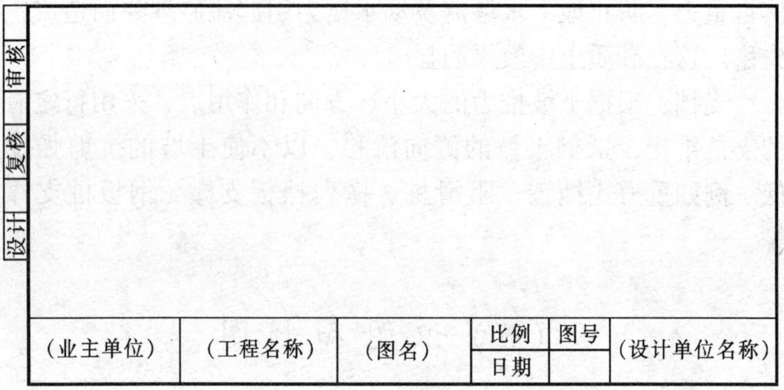

审核 复核 设计					
			比例	图号	
（业主单位）	（工程名称）	（图名）	日期		（设计单位名称）

图 1-13　图标示意图

图幅根据图纸的大小，确定其统一的标准。按国家标准（代号为 GBJ）的规定，有五种尺寸，并以号数称呼。0 号（A0）图纸的图幅为最大，4 号（A4）图纸图幅为最小。每下降一号图纸，其尺寸约正好是上一号图纸的一半。具体尺寸长×宽是：A0 号为 841mm×1189mm；A1 号为 594mm×841mm；A2 为 420mm×594mm；A3 为 297mm×420mm；A4 为 210mm×297mm。

由于市政工程的特点，往往将标准图幅进行拼接而成，满足长度较长的下水道或道路工程的平面图、纵断面图等的需要。

图标一般放于图形的右下角，其宽度不超过180mm，高度以40mm为宜。近年来，由于电脑绘图把图标分成两部分，一部分放于图框下面，另一部分放在图框外的左上角。见图1-13。

2）图线

图纸中的线条一般分五种，其线条宽度和用途见表1-9。其中粗线宽度 b 为 $0.4\sim1.2$mm间，视图形的具体情况选定。

线条种类和用途 表1-9

序号	图线名称	图线形式	图线宽度	用　　途
1	实线	———————	粗线 b 中粗线 $b/2$ 细线 $\leqslant b/4$	表达可见轮廓线；细实线表示尺寸线、尺寸界线、剖面线和引出线
2	点划线	—·—·—·—·—	粗线 b 中粗线 $b/2$ 细线 $\leqslant b/4$	表达对称中心线或轴线
3	虚线	———————	粗线 b 中粗线 $b/2$ 细线 $\leqslant b/4$	表达不可见轮廓线
4	折断线	～～～	$\leqslant b/4$	表达经过全部被折断的图面
5	波浪线	～～	$\leqslant b/4$	在局部表示构造层次，以示其内部构造时使用

3）字体

图纸中的字体，汉字一般采用长仿宋体，而数字均用阿拉伯数字表示，包括尺寸数字。在表示某种意义的符号、代号等，一般采用汉语拼音字母，个别也采用希腊字母，如计量单位的米、厘米、毫米、公斤，用 m、cm、mm、kg 注写；圆的直径、半径、圆周率等，用 D 或 d、R 或 r、π 等注写。对于轴线的编号，通常用阿拉伯数字或汉语拼音字母顺序注写，有时也用罗马数字顺序。但在汉语拼音字母中的 I、O、Z 三个字母，不作为轴线编号，以免与数字中的 1、0 及 2 相混淆出错。

4）比例和尺寸标注

为了将所表达的物体画在纸上，必须将它放大或缩小，其中放大或缩小的倍数，即为图纸的比例，把它写在图标内或图的上、下方，图名的右侧（一般在同一张图纸中有不同的比例时采用）。通常使用缩小的比例，常用有 1:500、1:200、1:100、1:50、1:10 等。无论比例如何，图中的尺寸应按物体的实际大小的数值进行注写。尺寸标注由尺寸线、尺寸界线、起止点及尺寸数字或代码等组成，如图 1-3。

（3）图的目录和索引

本 册 目 录　　　　　　表 1-10

序号	图　　名	图号	张数	页号	备注
1	图例、缩写及符号	SⅠ-1	1	1	
2	定线数据设计图	SⅠ-2	13	2～14	
3	路线平、纵断面缩图（一）	SⅠ-3	2	15	
4	路线平、纵断面缩图（二）	SⅠ-3	2	16	
……					

为了便于查找和保管图纸一般设有目录和索引。

目录的内容有序号、图的名称、张数、图号、页号、备注等。有的还列成表格，见表 1-10。

目录编排次序，一般是全局性的图在前，局部的在后；先施工的在前，后施工的在后；重要的图在前，次要的在后。对于同名的图纸，由几张组成的，则要在图名中注明。见表 1-10 中 3、4 栏。

索引标志由索引号和指示线组成。索引在同一张图纸中，索引号仅注所在部位的编号；索引在不同一张图纸中，索引号不仅注所在部位的编号外，还必须注上图号。见图 1-14。

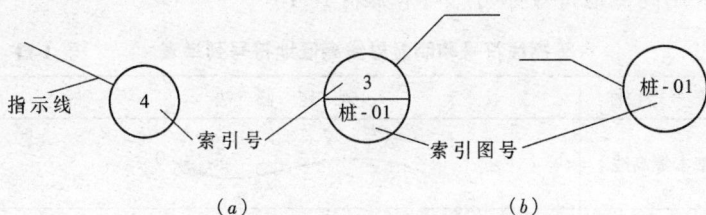

图 1-14　索引标志

（a）索引在同一张图纸中；（b）索引不同一张图纸中

（4）图例和文字说明

1）图例

用一系列图式表示物体的内容和性质，作为设计的一个组成部分，这一系列的图式即为图例。图例国家有统一标准，以示为共同的技术语言。

市政工程中，常用的图例有：地形图例、工程材料图例、各种结构图例以及其他惯用图例。

地形图例主要在地形图中反映地面上的地物和地貌内容的图式，它由地物符号和地貌符号来表示。

地物符号主要有三种：比例符号、非比例符号和注解。用一定比例尺画出的与地面图形相似的图形符号，即为比例符号。如在地形图中的城镇、房屋、田地、湖泊等，它既表示了地物的位置，又表明了地物形状大小；而不能按照比例尺在图上画出，只能表示地物位置，这种符号就称非比例符号。如水井、独立树、电杆、烟囱等，它们的位置常用该符号的几何图形中心或底部中点表示。进一步描述地物情况的符号或文字称注解，它是对比例符号或非比例符号的补充。如表示河流方向的箭头符号，某点的高程、道路的宽度、楼层多少等的数字，城市、道路、河流、工厂等名称的文字标注。

地貌符号，在地形图中用等高线表示。等高线分成几种，用不同符号加以区别。在大比例的地形图中，有明显界线的高低地形，用高低地符号标明。列举见表1-11。

等高线符号和明显界线高低地符号列举表　　　表1-11

符 号 名 称	规 定 画 法
基本等高线	0.1
加粗等高线	20 0.3
半距等高线	_i_ 10.0 _i_ 1.0 0.1
补助等高线	0.5 1.0 0.1
示坡线	1.0 0.1
缓　　坡	20 3
陡　　坡	3 20 1.0
陡　　坎	20 1.0
小范图 突起高地	土堆 10.1 13.4 10.2
小范图 突陷洼地	13.4 10.2 10.1 13.5 9.2

44

工程材料图例是用一系列符号表示工程材料名称的图式。常用建筑材料和路面结构材料的图例见表1-12。

结构图例是用一系列符号表示工程结构名称或状况的图式。有钢筋、钢结构、木结构等。如表1-13钢筋的图例。

惯用图例，只有标准图例不敷应用时，才可采用各单位的惯用图例，且在图的适当位置或专门集中在某页画出图式，并加以注解，以便让人接受。

常用建筑材料和路面结构材料的图例表   表1-12

名　称	符　号	说　明
各种土壤		
水		三角形表示标高面
砂、砂浆		
整石	干砌　　浆砌	浆砌体 0.8~1.0mm
块石	干砌　　浆砌	
（一）常用 建筑材料 水泥混凝土		
钢筋混凝土		线条密度 2~6mm
砖砌体		线条密度 1~4mm
木	木尖	左上为横木纹左 下为顺木纹
碎石		

	名　称	符　号	说　明
（二）路面结构层材料	沥青砂		加粗线 $6=0.8 \times 1.0mm$
	沥青混凝土		45°线相交，线条密度1mm
	沥青稳定碎石		
	沥青表面处治	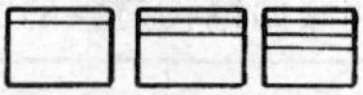	一层、二层、三层、层间线条密度1mm
	二渣		平行线条密度为0.5mm
	三渣		线条密度1.5mm
	石灰土	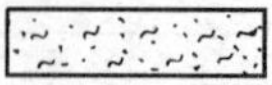	
	碎石旧料或三合土		方格线条密度为1～1.2mm
	大石块基层		
	泥结碎石	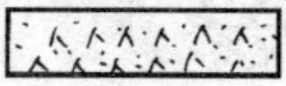	

钢筋结构图例表　　　　表1-13

弯钩名称	符　号	图示举例
带半圆形弯钩的钢筋		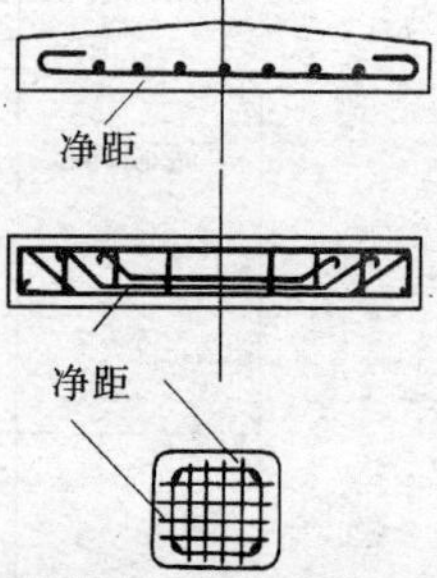 净距
带斜钩的钢筋		
带直钩的钢筋		净距
绑扎钢筋的交叉点		
焊接钢筋的交叉点		
焊接钢筋的接头		

46

2）文字说明

图样上的文字说明，必须简明扼要。它有两种，一种是局部的文字注解，只说明一部分的设计要求或作补充图例的文字注解（如图 1-1 中的井身、井座、井盖等的注解）；另一种是全图性的文字说明常注写在标题栏的上方或左方，一般说明本图的标注尺寸单位、构件或材料规格、施工注意事项、质量检验要求及其他必要的说明等。

2. 下水道工程识图

（1）下水道工程施工平面图

以图 1-15 所示的某路段雨水管道施工平面图为例，熟悉识图的主要图示内容：

1）地形部分

①该图比例为 1∶5000，其地形由散点高程反映出该路段的坡度平缓，由西向东呈微倾之势，地面高程在 4.2～4.4m 之间。

②沿道路两侧建有住房数幢的为住宅区。街坊内雨水系统由支管汇集输送至路口窨井 4 号甲及 5 号甲，以便接入新建雨水管道。

③路西北有较大绿化块地，近人行道有一条电话线路，路南沿分隔带有一条高压线路（附低压线路），西路口设有水准点标志。

④道路全宽为 30m，设有两条分隔带。路北地下管线有自来水管 $\phi150$ 一条，埋设深度为 0.5m；污水管道一条管径为 $\phi380$。消防龙头及污水窨井，图上已标明它们所在位置。

2）下水道设计部分

①拟建雨水管道位于该路段南侧，靠近道路中线距离为4.5m。管道起点位于西端桩号为 0＋000。转折窨井位置均用攀线法标定。拟建雨水口位置，均按图例示明。

②每一管段均标明其管径、长度、坡度、流向及管底标高。每个窨井均标明其编号、窨井尺寸及深度。

③道路两侧的雨水口和街坊口的雨水窨井，用连管接入该雨

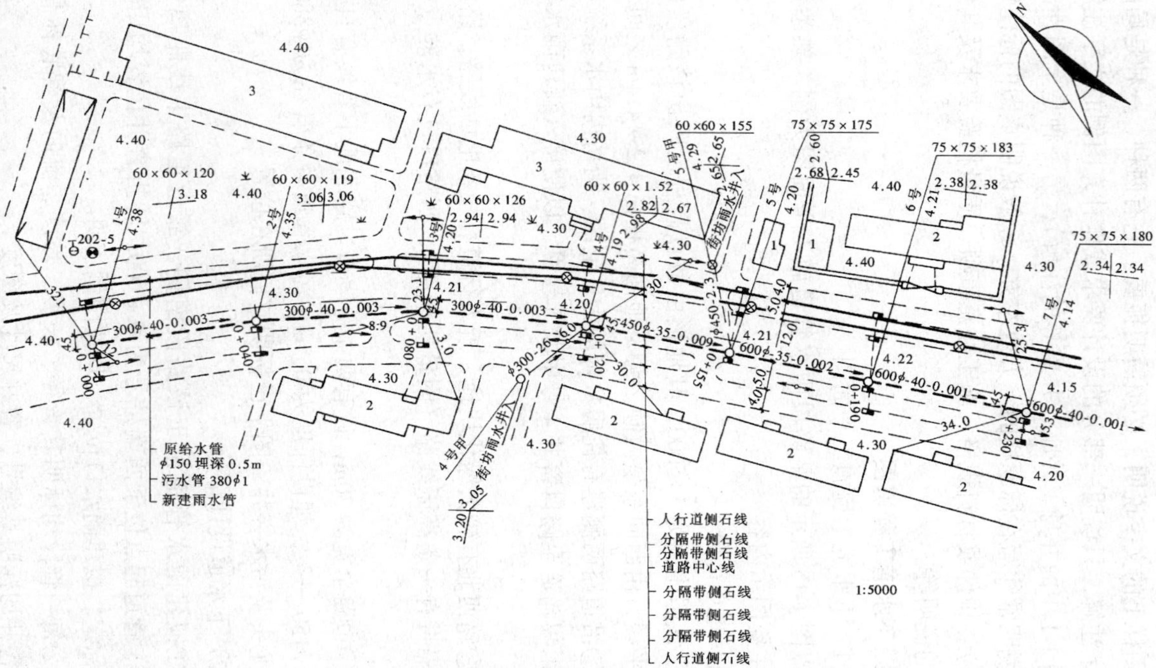

图 1-15 雨水管道施工平面图

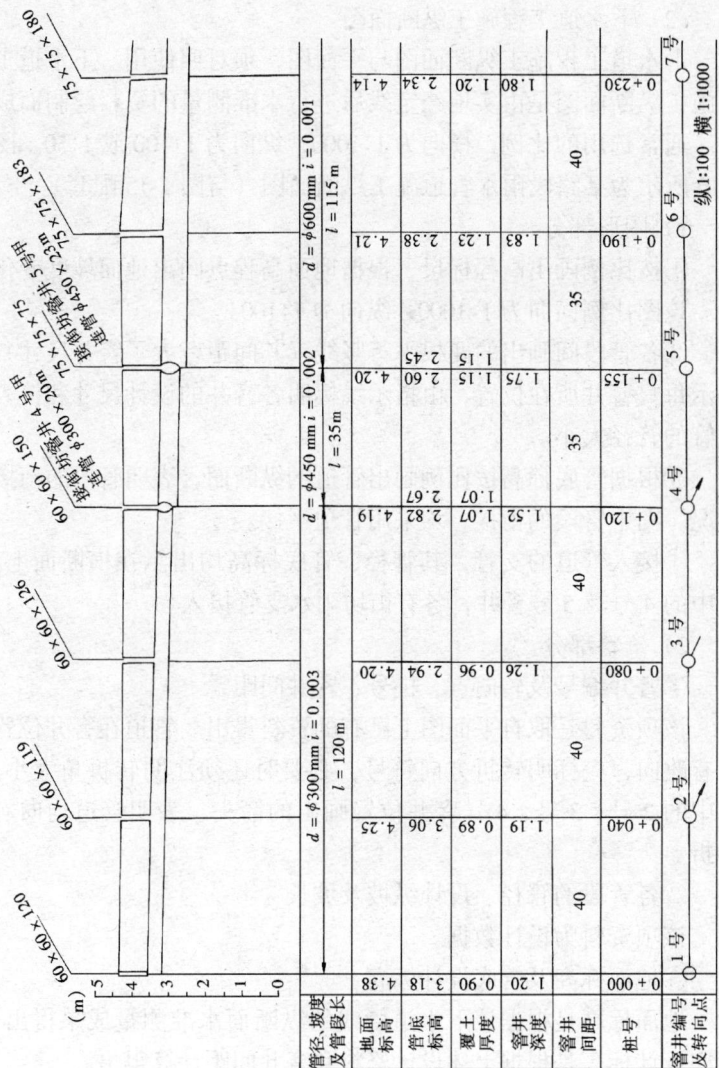

图 1-16 雨水管道纵断面图

纵 1:100 横 1:1000

| 60×60×120 | 60×60×119 | 60×60×126 | 60×60×150 连管 φ450×20m 4号甲 接街坊管井 300×23m 75×75×75 | 连管 φ450×23m 5号甲 接街坊管井 450×23m 75×75×183 | 75×75×180 |

管径、坡度及管段长	d=φ300mm i=0.003 l=120m			d=φ450mm i=0.002 l=35m	d=φ600mm i=0.001 l=115m	
地面标高	4.38	4.25	4.20	4.19	4.20	4.21	4.14
管底标高	3.18	3.06	2.94	2.82	2.60	2.38	2.34
覆土厚度	0.90	0.89	0.96	1.07	1.15	1.23	1.20
管井深度	1.20	1.19	1.26	1.52	1.75	1.83	1.80
管井间距	40	40	40	35	35	40	
桩号	0+000	0+040	0+080	0+120	0+155	0+190	0+230
管井编号及转向点	1号	2号	3号	4号	5号	6号	7号

水管道的窨井，图上用虚线标明各连管的位置。由图示的现有地下管线，明显表示出它们管线之间的交叉情况。

（2）下水道工程施工纵断面图

下水道工程施工纵断面图与平面图，须对照使用。下水道工程施工纵断面图是由实地经定线后进行水准测量的资料绘制而成的。通常选用的比例：横向为1:1000；纵向为1:100或1:50。图1-16所示为某路段雨水管道施工纵断面图（与图1-15配套）。

1）图形部分

①按比例画出高程标尺，根据地面高程点画出地面坡度变化线。该图比例横向为1:1000；纵向为1:100。

②各管段间画出的两根平行竖线（其间距夸大了窨井尺寸），表示每只窨井所在位置，由指示线标明各窨井的设计尺寸和接入支管的管径大小。

③根据管底标高按比例画出管道的纵断面，表明管段的衔接情况。图中管段的衔接，均采用管顶平接。

④接入管道的支管，其管径、管底标高均出示在横断面上。图中的4号及5号窨井，各有街坊雨水支管接入。

2）资料部分

①窨井编号及转向点、桩号、窨井间距

该项资料是取自平面图上已有的资料得出。管道在窨井位置如有改向，应标明转折方向符号，必要时还须注明转折角大小。图中的2号、3号、4号窨井位置画出的箭头，表明管道均向右转折。

②各管段的管径、设计纵坡及坡长

该项资料为设计数据。

③地面标高及管底设计标高

地面标高是根据该下水道管线的纵断面水准测量成果得出；管底设计标高是根据上述设计资料和窨井间距计算得出。

例：根据该图已定1号（0+000）窨井位置的管底设计标高为3.18m，求管道纵坡转变点4号位置的管底设计标高以及1～4

号之间的 2 号、3 号位置的管底设计标高?

解: 根据 1 ~ 4 号的设计纵坡 0.003 及坡长 120m 可计算得出:

4 号窨井管底标高 = 3.18 − 120 × 0.003 = 3.18 − 0.36 = 2.82m;

因 4 号窨井位于两管段管径变化处, 其直径相差为:

450 − 300 = 150mm, 由于采用管顶平接, 故该窨井位置上另一管底标高为: 2.82 − 0.15 = 2.67m (见图 1-15)。

1 ~ 4 号间的 2 号及 3 号。管底标高可由其窨井间距计算出:

2 号管底标高 = 3.18 − 40 × 0.003 = 3.18 − 0.12 = 3.06m;

3 号管底标高 = 3.06 − 0.12 = 2.94m。

④管道的覆土厚度和窨井深度

管道的覆土厚度一般指路面至管顶的深度 (小管径管壁厚度可略去不计), 可按下式计算:

管道覆土厚度 = 地面 (路面) 标高 − (管底标高 + 管径)。

图中 1 号管道覆土厚度 = 4.38 − (3.18 + 0.30) = 0.90m。

4 号管道上游端覆土厚度 = 4.19 − (2.82 + 0.30) = 1.07m;

4 号管道下游端覆土厚度 = 4.19 − (2.67 + 0.45) = 1.07m。

窨井深度为窨井顶面 (路面) 至井底的高度, 对于不落底式的窨井, 井底标高即为该处的管底标高, 如为落底式窨井则应考虑落底深度 (一般为 30cm), 一般可按下式计算:

窨井深度 = 窨井顶面(路面)标高 − (管底标高 − 落底深度)。

图中 1 号窨井为不落底式, 所以,

1 号窨井深度 = 4.38 − 3.18 = 1.2m。

4 号窨井对于下游端管道是不落底式, 所以,

窨井深度 = 4.19 − 2.67 = 1.52m;

如按上游端管道计算则有落底深度 0.15(0.45 − 0.30)m 故窨井深度 = 4.19 − (2.82 − 0.15) = 1.52m,两者计算结果应相同。

(3) 下水道工程施工横断面图

按照下水道工程基本图的完整图示, 还应有下水道工程施工横断面图, 如图1-17所示。

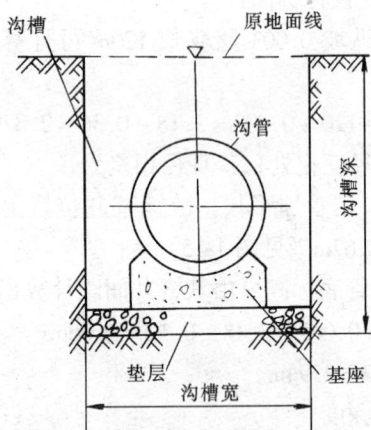

图 1-17　下水道工程施工横断面图

它的主要图示内容为沟槽断面形状和沟管构造断面，由图可见沟槽断面形状（一般按原地面线为水平）可直接由槽宽和沟槽深度确定，故一般可根据所在地区的地质情况，由设计单位按管径、挖槽深度不同，制定出该地区的下水道沟槽宽度表，列入下水道通用图册中，作为确定施工标准横断面的依据。沟管构造断面详图，也可按通用图册中制定

的标准确定。因此，在下水道工程的基本图样中，一般均不再一一画出它的横断面图。

（4）附属构筑物识图

1）雨水口（进水口）构造图

图 1-18 所示，为上海地区Ⅱ型雨水口构造图。适用于城市道路路面排水，设置在路边的侧向雨水口。该图采用水平剖（B-B）、纵剖（A-A）、阶梯剖（C-C）及局部剖（E-E）等图示法。

①从图中可见，雨水口的构造是由基础、井身、井口、盖、座及进水平侧石等部分组成。平面形状为矩形，内口尺寸为450mm×400mm，井底采用具有沉泥槽的落底式。

②基础为5cm厚碎石垫层和8cm厚C15混凝土基层。井身为砖砌11.5cm厚，位于道路一边的侧墙，留有圆孔与 ϕ300mm 连管接口，沉泥槽深度（连管底至井底深度）为30cm。

③雨水的进口位置，设有进水平石，其平面尺寸标明为800mm×300mm，为预制混凝土块，在平石的面上，制成由外向内倾斜的汇水凹槽。进水侧石为钢筋混凝土预制框架，已标明外形尺寸为 800mm×300mm×120mm，侧石框架的中间设有铸铁格

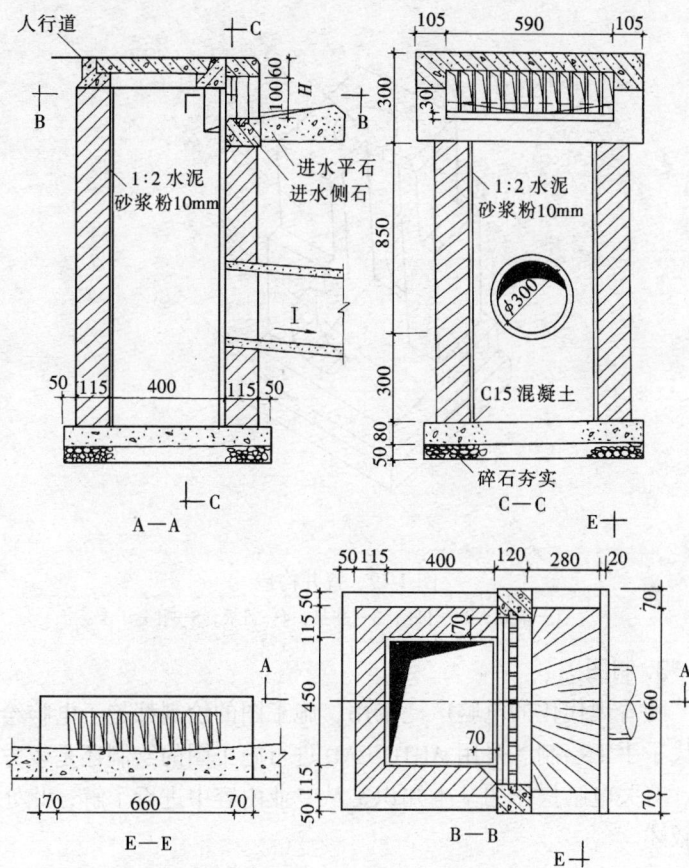

图 1-18　雨水进水口构造图

栅，以阻止杂物被雨水冲带入口。

　　④雨水口的盖、座亦均为钢筋混凝土预制的成品，构造图中未标明它们的具体尺寸，但已说明另有详图。

　　2) 直线窨井构造图

　　直线窨井的构造基本上是由井盖板（包括井座盖）、井身及基础（包括井底）三部分组成，如图 1-19 所示。

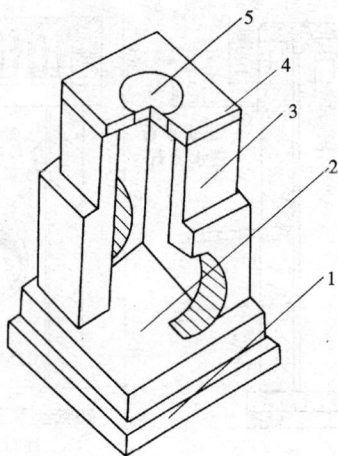

图 1-19　窖井构造

1—基础；2—井底；3—井身；4—盖板；5—井盖

3. 制图

随着现代化的电脑广泛采用，施工图的绘制都趋于电脑绘制替代了手工绘制。采用 AUTO-CAD 进行施工图的绘制还是较方便的。有关电脑操作的基本知识，从专业内容中进行了解，此处不再叙述。

4. 一般下水道结构工程图

图 1-20 就是二通转折窖井构造图，通过它阐述下水道工程结构图的识读。

（1）砖砌二通转折窖井的技术参数

1）管径 $D = 1400\text{mm}$，交汇角为 $135°$一栏（$126° \sim 145°$），窖井深度为 4.5m。

2）窖井基础部分的垫层为 100mm 厚碎石，其上基层采用 C20 钢筋混凝土浇筑底板，厚度为 200mm。

3）窖井为不落底式，自井底板向两侧墙面，先用砖砌或阶

A—A

B—B

C—C

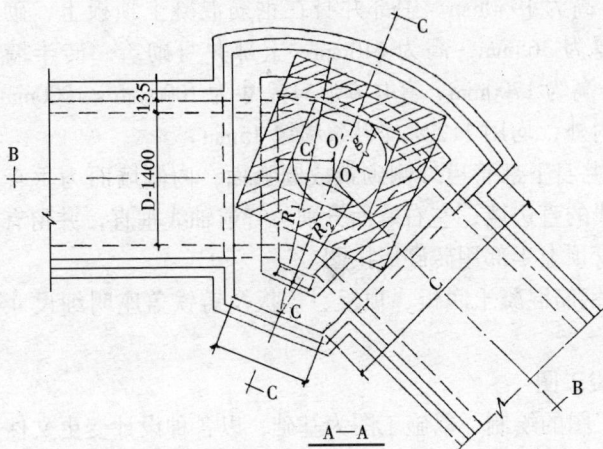

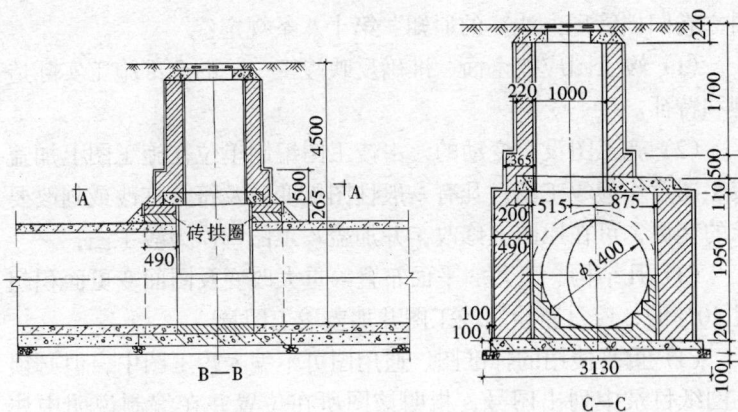

图 1-20　二通转折窨井构造图

梯至沟管中心高度，然后再用 C15 混凝土筑成圆弧形流槽。流槽底与管壁同厚为 135mm、流槽中心高度为 700mm，流槽顶宽 176mm 做成向管内倾斜的坡度，防止此处积留沉淀物。

4) 井身下部在钢筋混凝土底板基层上，砌筑两砖墙厚为

490mm、高为1950mm。中部井身在钢筋混凝土顶板上，砌筑一砖半墙厚为365mm，高为610mm。上部井身砌筑一砖半墙厚为240mm，高为1700mm。窨井方形口尺寸为1000mm×1000mm。井身砖墙内外，均用1:2水泥砂浆粉厚15mm。

5) 井身下部管道外侧砌筑成圆弧面；内侧墙面为垂直交汇角平分线的直边墙；左右墙面分别与管道轴线垂直，并留有沟管穿孔，管顶上半部用砖砌成拱圈。

6) 钢筋混凝土底板、顶板、盖板及铸铁盖座明细尺寸可另图表示。

5. 竣工图

竣工图的绘制，以施工图为基础，以各种设计变更文件及实测实量数据为依据，进行在施工图上补充修改或重新绘制。根据交通部"交办发（2001）390号关于印发《公路工程竣工文件材料立卷归档管理办法》的通知"第十八条规定：

(1) 竣工图应能全面、准确反映竣工……的全部施工实际造型和特征。

(2) 施工图没有变动的，由竣工图编制单位在施工图上加盖竣工图章作为竣工图；凡有一般性图纸变更及符合杠改或划改要求的变更，可在原图上修改，并加盖竣工图章作为竣工图；

(3) 凡结构、工艺、平面布置等重大改变及图面变更面积超过10%的，应重新绘制竣工图并加盖竣工图章。

(4) 重复使用的标准图、通用图可不编入竣工图中，但必须在图纸目录中列出图号，指明该图所在位置并在编制说明中注明。

(5) 图纸可以按297mm×210mm或297mm×420mm折叠；底图不折叠，平放在专用底图柜内，大于1号的底图也可卷放装筒。

目前，大部分竣工图的编制是利用原施工图来编制的。原因是按图施工，实际变化不会太大。但随着对资料要求不断提高，不少地方实施重新绘制，确保竣工图的质量。

竣工图是反映实际施工的最终状况。将作为今后维修养护查找的档案资料。因此，不论何种方法绘制排水管道工程的竣工图，如设计管道轴线发生位移、检查井增减、管底标高有变更或管径发生变化等，除均应注明实测实量数据外，还应在竣工图中注明变更的依据及附件，共同汇集在竣工资料内，以备查考。

竣工图的编制必须做到准确、完整和及时，图面应清晰，并符合长期安全保管的档案要求，具体应注意以下几点：

（1）完整性：即编制范围、内容、数量应与施工图相一致。在施工图无增减的情况下，必须做到有一张施工图，就有一张相应的竣工图；当施工图有增加时，竣工图也应相应增加；当施工图有部分被取消时，则需在竣工图中反映出取消的依据；当施工图有变更时，在竣工图中应得到相应的变更。如施工中发生质量事故，而作处理变更的，亦应在竣工图中明确表示。

（2）准确性：增删、修改必须按实测实量数据或原始资料准确注明。数据、文字、图形要工整清晰，隐蔽工程验收单、业务联系单、变更单等均应完整无缺，竣工图必须加盖竣工图标记章，并由编制人及技术负责人签证，以对竣工图编制负责。标记章应盖在图纸正面右下角的标题栏上方空白处，以便于图纸折叠装订后的查阅。

（3）及时性：竣工图编制的资料，应在施工过程中及时记录、收集和整理，并作妥善的保管，以便汇集于竣工资料中。

二、下水道工程部分材料（成品）及常用机具设备

（一）材料（成品）的基本性能及用途

1. 常用天然石料

（1）技术性能

1）密度

干燥并绝对密实状态下（不包括孔隙）的材料单位体积质量叫密度。通常用希腊字母 ρ 表示，单位为 g/cm^3，各种石料的密度都相近，大部分在 $2.65 \sim 2.75 g/cm^3$ 之间。

2）重力密度

包括孔隙在内的干燥石料的单位体积重量，通常用希腊字母 γ_0 表示，单位为 g/cm^3（克/厘米^3），石料的强度及耐久性与重力密度成正比。

3）孔隙率

材料体积内的孔隙占总体积的百分率，称为孔隙率。孔隙率高，则容重愈小，抗压强度一般也较低。

4）吸水率

材料吸了水的质量与干燥时的质量之差，占材料干燥时质量的百分比称为吸水率。石料吸水率的大小，决定于石料的孔隙的数量、大小和分布情况。一般说来，孔隙率愈大吸水率愈大，同时还与孔隙的形状有关，孔隙呈封闭状或是开口状，一般粗大开口水分不易存留，而细小开口则水分易存留，则吸水率就大。

5）材料的强度

材料在外力作用下，抵抗破坏的能力，称为材料的强度。一

般以单位面积上抵抗破坏的极限抗力来表示。通常有材料的抗压、抗拉、抗弯、抗剪等强度。石料的强度一般用其抗压强度。

（2）常用石料的特性及用途

1）花岗石

它采集于花岗岩，其分布面广，几乎各地都有。花岗石的颜色一般为淡红、微黄色、淡灰色或深灰色。由于其结构致密，密度大，约为 $2.7g/cm^3$，其抗压强度大致在 100～180MPa 之间；孔隙率和吸水率都小，因而抗腐耐冻性也好，是一种良好的建筑材料。

2）玄武石

它采集于玄武岩，它不易开采加工。其颜色较深，硬度高、脆性大，容重大，耐腐，抗压强度变化范围也较大，约在 100～500MPa 之间。一般用于混凝土中。

3）石灰石

它采集于石灰岩，分布面广，我国大部分省市都出产。在自然界中呈灰色或深灰色。石灰石的技术性能是随着它的成分和结构不同而有很大的变化。密度在 $1.6～2.8g/cm^3$ 之间，重力密度为 $1.5～2.6g/cm^3$，孔隙率变化范围也很大。因此，石灰石的抗压强度很悬殊。它不耐酸，排有酸性类水的下水道工程中要慎用。

4）石英石

它是由石英砂岩变质而成。变质后成为密实而坚硬的岩石，石英石的强度很高，可达到 300MPa 以上，硬度大，耐冻性与抗风化能力也强，但加工较困难。

（3）混凝土中的石料

混凝土中凡粒径大于 5mm 的骨料，称为粗骨料，一般常用天然卵石和人工碎石为混凝土粗骨料。河卵石表面光滑、少棱角，比较洁净，具有天然级配，采用较多。山卵石含泥土、杂质较多，用前必须加以冲洗。碎石由各种坚硬的岩石经人工或机械破碎、筛分而得，表面粗糙。颗粒有棱角，与水泥粘结较牢。

1）石料的表观密度与分类

卵石的表观密度为 1600 ~ 1800kg/m³，碎石的表观密度为 1400 ~ 1500kg/m³。工程中按粒径的大小，将石料分为四个粒级，见表 2-1。

粒级按粒径的大小分类   表 2-1

粒　级	粒　径（mm）	
	卵　石	碎　石
特　　细	5 ~ 10	5 ~ 10
细	10 ~ 20	10 ~ 20
中	20 ~ 40	20 ~ 40
粗	40 ~ 150	40 ~ 50

2）石料的强度

用于混凝土的卵石或碎石必须密实、坚硬，具有足够强度，以满足混凝土强度要求。石料的强度可用岩石立方体强度表示，即用碎石或卵石原材料制成 50mm × 50mm × 50mm 的立方体（或直径与高均为 50mm 的圆柱体试件），在水饱和状态下，其抗压强度不应小于混凝土强度的 1.5 倍。但在一般情况下，火成岩试件的强度不宜低于 80MPa，变质岩不宜低于 60MPa，水成岩不宜低于 30MPa，低于上述指标，说明石材已风化，不耐久。石料的强度还可用压碎指标值方法表示。

3）石料的质量要求

石料的质量除了满足密实、坚硬，具有足够强度的要求外，其各有害物质的含量应严格控制在表 2-2 所规定的范围之内。

2. 砂、砾石（卵石）

砂、砾石（卵石）都是岩石经风化作用而形成的，不过只是颗粒粒径的大小不同而已。凡粒径 0.15 ~ 5mm 的称为砂。粒径为 5 ~ 150mm 的称为砾石（卵石）。卵石的表面光滑，颗粒形状呈椭形或圆形为主。

石的质量要求（按重量计、不大于%） 表 2-2

项 目		混凝土强度等级（MPa）		
		≥C30 及有抗冻、抗渗或有其他特殊要求	C30 ~ C10	≤C10
含泥量	颗粒 < 0.08mm 的尘屑、淤泥、粒土的总量	1	2	酌情放宽
	基本上是非黏土质石粉	1.5	3.0	
硫化物及硫酸盐含量、折成 SO_2		1	1	1
轻物质（表观密度 $<2g/cm^3$ 的物质）含量		1	1	
针片状颗粒		15	25	40
有机质含量（用比色法试验）		颜色不应深于标准色，如深于标准色，则应配成砂浆，进行强度对比试验，予以复核		

注：石料中针片状颗粒的定义如下：

1. 颗粒的长度大于平均粒径的 2.4 倍者称为针状；

2. 厚度小于平均粒径的 0.4 倍者称为片状；

3. 平均粒径是该粒级的上、下限粒径的平均值。

粒径小于 80mm 的卵石常被用作下水道基础下的垫层，也可用于拌制水泥混凝土，其不透水性较碎石为佳。按产地来源不同，可分为河卵石、河砂、山卵石、山砂、海卵石、海砂等。河砂、海砂的颗粒由于被水冲刷，多为圆形，河砂比较洁净，海砂常会夹杂贝壳、碎片及盐分等有害杂质。山砂的颗粒有棱角，表面粗糙，和水泥的胶结能力比较强，但不如河砂洁净，常会有黏土、有机杂质及粉末状物质，并且颗粒较细。在混凝土中一般都习惯采用河砂。目前在一些山区，河砂极少，山砂资源丰富，对山砂采取一定措施后，也大量地用于钢筋混凝土及预应力混凝土中。干燥松散的砂子表观密度在 1500kg/m³ 左右，捣后密实的砂子表观密度为 1600 ~ 1700kg/m³。

砂 的 分 类　　　　　　　　　　　　　　表 2-3

类　别	平均粒径（mm）	细度模数
粗　砂	＞0.50	3.7～3.1
中　砂	0.35～0.50	3.0～2.3
细　砂	0.25～0.35	2.21～1.6
较细砂	＜0.25	1.5～0.7

注：1. 细度模数 M 细度模数

$$M_X = \frac{(A_2 + A_3 + A_4 + A_5 + A_6) - 5A_1}{100 - A_1} \qquad (2-1)$$

　　式中 A_1、A_2、A_3、A_4、A_5、A_6 分别为 5.2. 5、1.25、0.63、0.315、0.16（mm）各筛上的累计筛余百分率。

2. 累计百分率即某号筛及孔径大于该号筛的累计筛余量（未通过筛的那部分重量），以砂样总重量的百分率计。

　　砂的技术特性主要通过重力密度、密度、级配、砂中有害杂质的含量等测定。除与材料颗粒本身孔隙有关外，还与各颗粒之间的空隙有关。其重力密度一般在 1400～1500kg/m³。砂的级配是指各种不同粒径的砂的搭配情况。级配越好则砂的空隙率越小。砂的级配一般通过筛分的方法测定。根据测定数据，对砂进行分类。砂按其平均粒径和细度模数可分为粗、中、细、特细四类。见表 2-3。

　　砂也是下水道工程中的主要建筑材料，拌制水泥砂浆，按不同的用途选用相宜粒径的砂，砂在混凝土中主要用来填充石子的空隙。砂、石在混凝土中起着骨架作用，因此也常把砂子叫做细骨料。也用作建筑物的垫层及在重要的部位用回填振实的砂来替代土方等。

　　工程中除要求砂的质地坚硬、级配好外，还对砂中所含的有害物质如泥土、云母、硫化物和有机质等的量有所限制，见表 2-4。尤其在拌制水泥混凝土中，有害杂质将影响混凝土的强度和耐久性，因此，有关规范中对其允许含量都有具体规定。

砂的质量要求（按重量计、不大于%） 表 2-4

项　　　目	混凝土强度等级（MPa）	
	≥C30 及有抗冻、抗渗或有其他特殊要求	C30～C10
含泥量（颗粒＜0.08mm 的尘屑、淤泥、粒土的总量）	3	5
云母含量	1	2
轻物质（表观密度＜2g/cm³ 的物质）含量	1	1
硫化物及硫酸盐含量、折成 SO₂	1	1
有机质含量（用比色法试验）	颜色不应深于标准色，如深于标准色，则应配成砂浆，进行强度对比试验，予以复核	

3. 水泥

（1）水泥的种类

水泥是一种水硬性胶体材料，具有良好的粘结性和可塑性，有较好的抗压强度，常用的水泥主要有五种，即硅酸盐水泥、普通硅酸盐水泥、矿渣硅酸盐水泥、火山灰质硅酸盐水泥、粉煤灰硅酸盐水泥等，工程中俗称为"五大水泥"。其中硅酸盐水泥是最基本的，因为其他四种水泥均是在硅酸盐水泥熟料中掺入了各种混合材料制成的，统称为掺混合料的硅酸盐水泥，因而它们的技术性质有许多相似。

1）硅酸盐水泥：又称纯熟料水泥。它的早期及后期强度都较高，在低温下强度增长比其他水泥快，抗冻、耐磨性都好，但抗腐蚀性较差。

2）普通硅酸盐水泥：简称普通水泥。是由硅酸盐水泥熟料掺入少量混合材料和适量的石膏磨细制成的水硬性胶凝材料。除它的早期强度比硅酸盐水泥稍低外，其他性质接近硅酸盐水泥。

3）矿渣硅酸盐水泥：简称矿硅水泥。它是由硅酸盐水泥熟料和粗化高炉矿渣，加入适量石膏磨细制成的水硬性胶凝材料。

它的早期强度较低，在低温环境中强度增长较慢，但后期强度增长快，水化热较低，抗硫酸盐类侵蚀性较好，耐热性好，但干缩性较大、抗冻及耐磨性较差。

4）火山灰质硅酸盐水泥：简称火山灰水泥。它是由硅酸盐水泥熟料和火山灰质混合材料，加入适量石膏磨细制成的水硬性胶凝材料。它的早期强度较低，在低温环境中强度增长较慢，在高温潮湿环境中强度增长较快，水化热低，抗硫酸盐类侵蚀性较好，但抗冻，耐磨性差，干缩性较大。

5）粉煤灰硅酸盐水泥：简称粉煤灰水泥。它是由硅酸盐水泥熟料和粉煤灰加入适量石膏磨细制成的水硬性胶凝材料。它的早期强度较低，水化热低，和易性好，干缩性也较小，抗腐蚀性能好，但抗冻及耐磨性较差。

由于矿渣水泥、火山灰水泥、粉煤灰水泥中硅酸盐水泥熟料的比重小，同时又掺有大量的混合材料，因而其性质和使用范围与硅酸盐水泥和普通水泥有较大差别。

（2）水泥强度等级及其主要特性

水泥的强度等级是表示水泥硬化后的抗压能力，而水泥的强度是确定等级的依据，按国家标准规定须用"软练法"测定水泥的抗折和抗压强度。所谓"软练法"是将水泥和标准砂按 1∶2.5（重量比）混合，加入规定数量的水，按规定的方法制成试件，在标准养护条件下养护 3 天、28 天龄期的抗折和抗压强度，最后依据测定结果，划分出水泥强度等级，强度等级越大强度越高。水泥的强度用强度等级来表示，常用的水泥强度等级有 32.5、32.5R、42.5、42.5R、52.5、52.5R、62.5、62.5R 等等。在选用水泥强度等级时，一般依据所需混凝土的设计强度等因素来决定。根据国家有关标准，常用的水泥强度等级见表 2-5。

水泥除有标号要求外，还有其它技术上的要求，如水泥的细度、凝结时间及安定性等。

水泥细度是指水泥磨细的程度。一般说来，水泥越细，凝结和硬化越快，早期强度越高。

品　　　种	强度等级	抗压强度（MPa）		抗折强度（MPa）	
		3d	28d	3d	28d
硅酸盐水泥 （GB 175—1999）	32.5	17.0	42.5	3.5	6.5
	32.5R	22.0	42.5	4.0	6.5
	52.5	23.0	52.5	4.0	7.0
	52.5R	27.0	52.5	5.0	7.0
	62.5	28.0	62.5	5.0	8.0
	62.5R	32.0	62.5	5.5	8.0
普通（硅酸盐）水泥 （GB 175—1999）	32.5	11.0	32.5	2.5	5.5
	32.5R	16.0	32.5	3.5	5.5
	42.5	16.0	42.5	3.5	6.5
	42.5R	21.0	42.5	4.0	6.5
	52.5	22.0	52.5	4.0	7.0
	52.5R	26.0	52.5	5.0	7.0
矿渣（硅酸盐）水泥 火山灰（质硅酸盐）水泥 粉煤灰（硅酸盐）水泥 （GB 1344—1999）	32.5	10.0	32.5	2.5	5.5
	32.5R	15.0	32.5	3.5	5.5
	42.5	15.0	42.5	3.5	6.5
	42.5R	19.0	42.5	4.0	6.5
	52.5	21.0	52.5	4.0	7.0
	52.5R	23.0	52.5	4.5	7.0
复合硅酸盐水泥 （GB 12958—1999）	32.5	11.0	32.5	2.5	5.5
	32.5R	16.0	32.5	3.5	5.5
	42.5	16.0	42.5	3.5	6.5
	42.5R	21.0	42.5	4.0	6.5
	52.5	22.0	52.5	4.0	7.0
	52.5R	26.0	52.5	5.0	7.0

　　水泥凝结时间是水泥浆开始结硬的时间。它对于工程的施工有很大的影响。凝结时间过短，则砂浆和混凝土制备困难，往往

来不及浇筑成型就已经开始凝结，不便于操作，也影响工程质量；凝结太迟，当混凝土施工完毕之后，还不能很快地硬化，影响混凝土的继续施工。因此，要求普通水泥、矿渣水泥和火山灰水泥的初凝时间不得少于45min，终凝时间不得晚于12h。

水泥安定性就是当水泥成分中存在过量的游离石灰、氧化镁以及石膏等，这些过量物会使凝结的混凝土产生剧烈的、不均匀的体积变化（体积膨胀）和裂纹，使混凝土遭到破坏，甚至造成严重的事故。这种强烈的不均匀的体积变化，叫做水泥的安定性不良。因此水泥必须经过试验，证明安定性良好才能使用。

（3）水泥的运输与储存

由于水泥是水硬性胶结材料，在受潮后会结硬成块，降低水泥原有的胶结能力。当严重受潮时会全部结块而无法使用。因此水泥在运输和储存中必须注意防潮、防水，运输时应用防水材料严密遮盖。有关水泥保管要求：

1）水泥的入库应按品种、强度等级、出厂日期分别堆放，并树立标志，做到先到先用，防止掺混使用。

2）水泥的储存应保持干燥，地面应有防潮措施。为防止水泥受潮，现场仓库应尽量密闭，运到工地的水泥应迅速入仓。袋装水泥存放时，应离地30cm以上（或做成防潮地面），离墙亦应在30cm以上。堆放高度一般不超过10袋。露天临时暂存时，也应用油纸、油毡、油布或塑料布铺垫。

3）散装水泥罐必须封闭严密，内表面要光滑，罐底最好用钢板做成50°锥形便于出料，罐壁要用吹气法定期清除积灰。罐装水泥可根据密封的程度确定贮存时间，一般可以半年以上不变质。

4）袋装水泥的贮存时间不宜过长，以免结块，降低强度。一般在正常的环境中，常用水泥存放三个月，强度将降低10%~20%；存放六个月，强度降低15%~30%。时间越长，强度降低越多。对存放时间较长的水泥，需经试验后才能使用。水泥存放时间按出厂日期算起，超过三个月就是过期水泥，使用时必须重新确定其强度等级。

5）凡受潮或过期的水泥，应降级使用，且不得用于高强度或主要工程结构部位，在使用前必须将结的硬块筛除。

4．砖

下水道工程中常用的是普通黏土砖，一般尺寸为：长240mm、宽 115mm、高 53mm。按其抗压极限强度为 MU20、MU15、MU10、MU7.5、MU5 号五种标号。其品种可分为青砖、红砖、外燃砖、内燃砖等。在下水道工程中常用砖砌筑窨井等附属构筑物。

5．成品

（1）管材

下水道预制管材主要采用水泥混凝土管、钢筋混凝土管等，也有钢管、塑料管、玻璃钢管、玻璃钢夹砂管、陶土管等。

1）混凝土管

预制混凝土管，常用内径为 150、200、230、300、400、450、600（mm），沟管长度为 1000、1200、2000（mm）等，接口形式为承插式（见图 2-1），混凝土管按成型工艺有挤压管、悬辊管、离心管等。

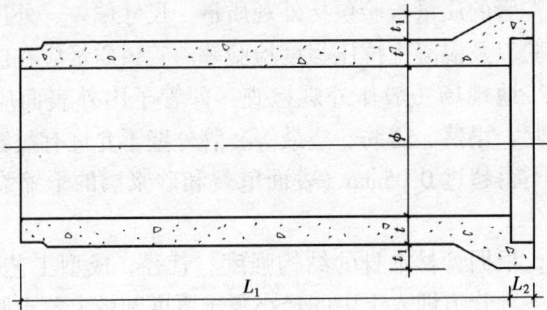

图 2-1　承插式接口形式

2）钢筋混凝土管

预制钢筋混凝土管，常用内径为 600、700、800、900、

1000、1050、1200、1350、1400、1500、1600、1650、1800、2000、2200、2400、2460、2700、3200（mm）等。管节长度有 1000、1200、1500、2000、3000（mm）等几种。接口形式分为：平口、企口等。现在内径 1200mm 以内沟管也有用承插式的。内径2200mm 以上的沟管也有用 F 型钢承口式的（见图 2-2）。

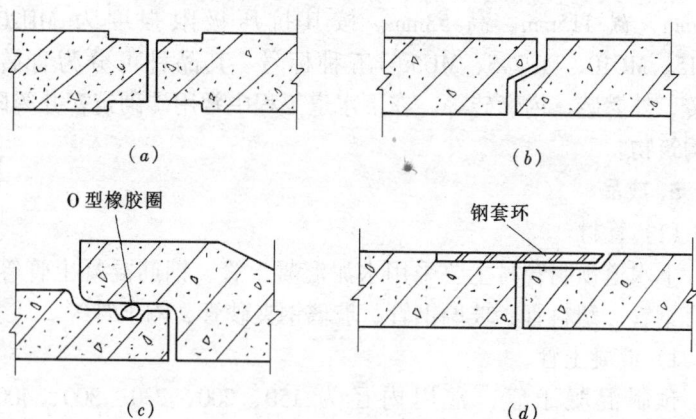

图 2-2　F 型钢承口形式

（a）平口管；（b）企口管；（c）柔性承插式；（d）F 型钢承插式（用于顶管）

　　预制沟管的质量检验包括外观质量、尺寸偏差、外压荷载和内水压试验以及混凝土抗压强度检验等。管道质量应在成品出厂前检验，工地现场一般作外观检查：即管子内外表面应光洁平整，无蜂窝、塌落、露筋、空鼓等，管外壁不允许有裂缝，内壁裂缝宽度不得超过 0.05mm（表面龟裂和砂浆层的干缩裂缝不在此限）。

　　另外，根据管材本身的结构强度、管径，成型工艺等不同，还规定了各种管道埋入土中的最小覆土厚度和最大覆土厚度，以保证使用安全。

　　（2）配套混凝土构件

　　下水道工程中配套预制混凝土构件主要有各种规格的窨井盖座、窨井收口板等等。由于规格繁多，且外形不一，不作详细介绍。

(二) 常用机具设备的种类、规格及使用知识

随着城市建设的发展，为加快工程进度，保证工程质量，缩短工期和减轻工人的劳动强度。施工机械在市政工程中得到越来越多的使用，从而提高了劳动生产率，降低了工程造价。因此，要充分认识机械施工的重要意义，并自觉地普及和提高机械化施工的水平。

1. 冲击破碎机

在市区，破碎原有的路面进行下水道埋管施工时，需采用冲击破碎机，随着设备技术的不断发展，从依靠铁锤的自重，自由落下冲击破碎路面（破碎锄头机），进而由人工用风动（空气压缩）凿岩镐破碎，直至将凿岩镐安装在后方向的翻斗车、挖掘机上，有风动式、内燃式、电动式和液压式等，使之既轻便灵活、操作简单，又达到高效节能的总体效果。

2. 挖掘机

挖掘机是一种具有挖掘、卸载双功能的施工机械。以前曾有单斗式和多斗式之分，前者为循环作业式，后者为连续作业式。单斗挖掘机具有多种工作装置，用于土方施工时，可以分别装置正铲、反铲、拉铲、抓铲等。用于起重吊装时，可装置起重设备进行作业，还可通过更换工作装置进行打桩和土壤夯实等工作。但自从国外引进了履带式液压挖掘机后，逐步替代了原有的挖掘机。近几年，国内也生产这种履带式液压挖掘机，广泛应用于下水道工程中。见图2-3、图2-4。

3. 推土机

推土机是一种在拖拉机前装上推土装置的施工机械。按其操纵方式可分为机械式（如钢索式）和液压式两种；按其推土刀片的安装方法可分为固定式和回转式，按其行走装置方式可分为履带式和轮胎式。图2-5为上海120型推土机示意图。

推土机在土方施工中，主要用作铲土、推集、平整、压实等

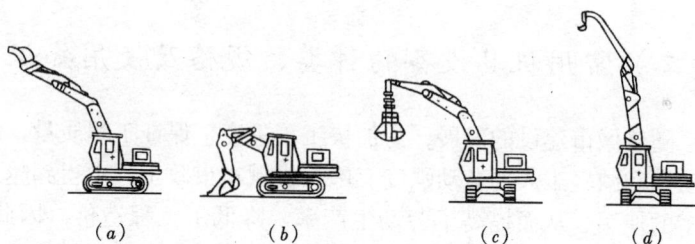

图 2-3　液压传动单斗挖掘机

（a）反铲；（b）正铲；（c）抓斗；（d）吊钩

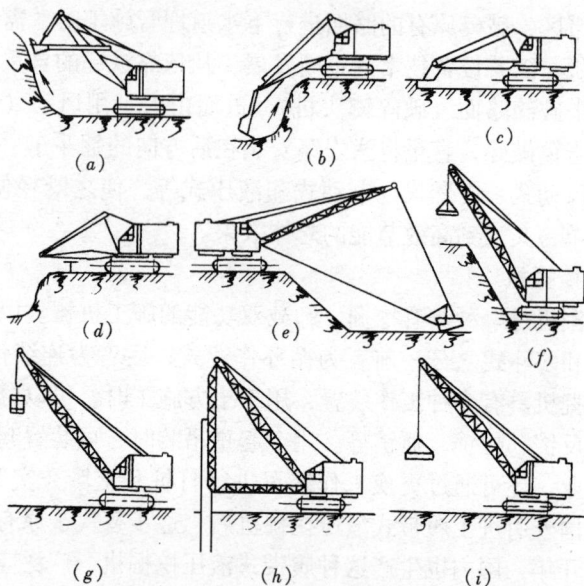

图 2-4　机械传动单斗挖掘机

工作，它具有构造简单、操纵灵活、运转方便、所需工作面小等优点，尤其是用作短距离内（一般小于 50m）的运土、平整场地、开挖路槽和路堑、堆筑路基和路堤以及伐除树根和清除积雪等具有广泛的用途。

4. 起重机械

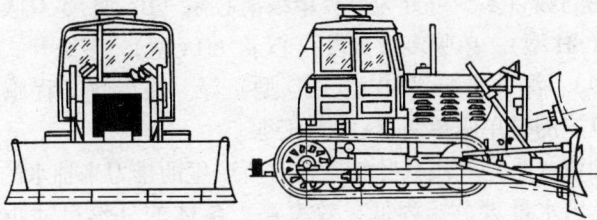

图 2-5 上海 120 型推土机

（1）简单起重机械

简单起重机械又称简单起重设备或起重机具，它一般只有一个升降机构，具有构造比较简单、轻巧、便于搬运等特点，如千斤顶，滑车和卷扬机组合的拔杆等。千斤顶的工作行程不很大，因此，当要求举升重物至相当高的高度时，就必须分几次进行，常采用枕木座垫逐步升高。千斤顶按其构造形式可分为齿条式、螺旋式和油压式等，而目前最常用的是油压式千斤顶。

卷扬机又称绞车，与滑车等组成具有起重功能的简易起重设备。前述的拔杆就是其中的一种。

滑车，俗称葫芦。除了与其他机械组成简易起重设备外，也有单独使用的起重设备，如被动链轮与链条组成手动滑车（俗称神仙葫芦）和电动的钢索滑车（俗称电动葫芦）均广泛应用在下水道工程中。

（2）起重机

在一、（二）2.起重力学知识（4）3）起重吊装中已叙。

5.排水机械

（1）水泵

水泵是最常用的一种排水机械，也称抽水机。有往复式（活塞式）水泵、离心式水泵、轴流水泵、混流水泵和潜水泵等，离心式水泵用途最广。

离心式水泵是利用叶轮旋转时所产生的离心力来抽水的。它的特点是扬程较高、流量较小、结构简单和使用方便。按吸水口和叶轮的数目多少可分为单吸单级离心泵（BA 型）、双吸单级离心泵（SH 型）、单吸多级分段离心泵（DA 型）、多级开式离心泵（DK 型）、深井水泵（SD 型、JD 型）等。在市政工程施工中使用最普遍的是单吸单级 BA 型离心泵。

轴流水泵是利用其叶轮旋转时所产生的推力来抽水的。它的特点是出水量大、扬程低、效率高，泵体的外形尺寸小，重量轻，结构简单；工作时叶轮全部浸没水中，启动前不需灌水，操作简单方便。按照（E 型轴流泵）泵轴安装的方式分为立式轴流泵（ZLB）、卧式轴流泵（ZWB）和斜式轴流泵（ZXB）三种类型。

混流水泵（HB 型泵）外形有点像 BA 型泵，它的叶轮在旋转时既产生离心力又产生推力，所以水流进出叶轮的方向是倾斜的，又称为斜流泵。混流泵也有卧式和立式两种类型。

潜水泵是用立式电动机和水泵直接装在一起而可以全部潜入水里工作的一种水泵。具有结构简单、体积小、重量轻、安装使用方便，适应性强，不怕雨淋水淹等特点。其中 JQB 型潜水泵，由于只装一个叶轮，故扬程较低，仅适合于浅井作业；而有一种 JQ 型潜水泵装配了两个以上的叶轮，扬程就高，它适合于深井作业。总之，潜水泵在市政工程施工中使用广泛。

对于水泵的选择和区别优劣，必须从型号、扬程、流量、功率、效率、转速、允许吸上的真空度等性能和指标，进行分析、比较和确认。一般这些性能和指标都在水泵性能表和铭牌上列出。

（2）井点排水系统

井点排水系统是人工降低地下水位的一种施工机械。井点排水系统由管路系统和抽水系统两大部分组成。

管路系统的管路主要由滤管、井管、弯联管、总管等组成，如图 2-6 所示。抽水系统主要是射流泵。

井点排水分轻型井点、喷射井点、电渗井点、管井井点和深井泵等。其中的轻型井点应用较广。

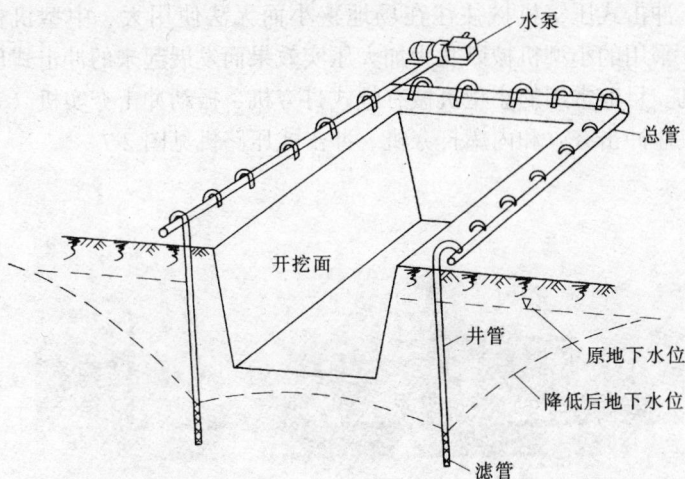

图2-6 井点排水系统

6. 压实机械

下水道埋管回填土方时，需要对路基土和表层铺筑材料加以压实，以增大土体和表层铺筑材料的密实度，降低其透水性，确保工程质量，这就需要使用不同类型的压实机械进行夯压密实。

压实机械按其工作原理可分为碾压式、冲击式和振动式三种。

碾压式压实机械一般有静力式光面压路机、羊脚碾的凸爪式碾压机和轮胎式压路机。根据滚轮及轮轴的数目，分为两轮两轴式、三轮两轴式和三轮三轴式；同时又有小、轻、中、重型多种，小型为 <3t，轻型为 3~8t，中型为 8~10t，重型为 10~15t。

振动式压实机械有平板式振动夯实机和振动压路机等。振动压路机是振动机械和液压机械的一种组合机构，它比静力式压路机在构造上多了一套起振系统。具有压实的厚度大、自身重量轻、适应性好及生产率高等优点；但它不适于在黏土及粘性较强的土壤上进行压实作业，因作业时会产生的高频振动，使操作人员容易疲劳。

73

冲击式压实机械往往在场地狭小而无法使用大、中型机械时，采用的小型机械以及为加大压实效果而发展起来的冲击式压路机。目前常用的小型机械有蛙式打夯机、振动冲击夯实机（又称快速冲击夯）和内燃打夯机。冲击式压路机见图 2-7。

图 2-7　冲击式压路机

7.打桩机械

　　在下水道施工中，打桩机械主要是进行钢板桩支护打入钢板桩所采用的机械。常用的有导杆式柴油打桩机、电动振动锤、液压锤等。

三、下水道施工机械使用与管理

(一) 施工机械的分类、选型和配组

1. 施工机械的分类

施工机械针对服务对象、施工要求的不同,我国机械制造业通常将施工机械分为挖掘机械、铲土运输机械、路面机械、压实机械、工程起重机械、桩工机械、钢筋混凝土机械和风动工具等八大类。

市政工程按工程类型分为土方工程机械、石方工程及路面破碎机械、路面铺筑机械、压实机械、桥涵及铺管机械等。表3-1基本表示了市政工程主要施工项目所用机械设备的情况。

市政工程主要施工项目所用机械和设备　　　　　表 3-1

工程项目	施 工 内 容	所 用 机 械 设 备 名 称
路基 土方工程	铲(挖)土、运土、卸土和整平	铲运机、挖掘机、推土机、平地机自动倾卸汽车
	分层压实土壤	羊角碾路机、轮胎压路机、夯实机械、拖拉机
	挖掘路槽	平地机、挖沟机
路面 铺筑工程	平整土路和碎石、砾石路面	平地机、铲运机、推土机、碎、砾石和石屑撒布机、羊角碾、压路机
	沥青路面和简易沥青路面	沥青保温油罐车、沥青洒布车、石屑撒布机、压路机、自动倾卸车、装载车
	沥青混凝土路面	沥青混凝土拌合机、沥青混凝土摊铺机、沥青洒布机、自动倾斜车、压路机
	水泥混凝土路面	混凝土拌合机、混凝土运送车、振动器、切缝机

75

工程项目	施工内容	所用机械设备名称
石方工程	路面破碎	裂土器、凿岩机（电动式、风动式、内燃式、液压）
桥涵工程	桥梁下部结构	挖掘机、各式打桩机、抽水机、泥浆泵、起重机械
	桥基础和上层结构	钢筋混凝土制品机械、起重机械
排水工程		挖沟机、打桩机、各种水泵，井点设备、顶管设备

下水道施工机械分为通用机械和专用机械两类。通用机械有挖掘机械、起重机械、运输机械、打桩机械、降水设备等；专用机械有顶管工程中的顶管机械、工作井上的起重行车、专用千斤顶、油泵等。

2. 施工机械的选型

根据施工条件，施工方法和技术经济的分析比较，进行施工机械的选型，一般要考虑：

1）机械能适应施工现场的土质和地形，满足工程的质量要求；

2）能高效率地完成所需的工作量，且施工单价较低的；

3）容易进行运转、维修，且可靠性又高的；

4）可以自动化和省力的；

5）安全而又不会污染环境的；

6）机械运输费低，且又易于转移的。

选择特殊要求的施工机械还需考虑：

1）有无可代替的其他施工方法，不采用特殊要求的施工机械；

2）选择特殊施工机械后能否具备经营管理的能力并充分发挥它的效能；

3）能否成为今后新的施工方法的典型。

表 3-1 所列，可作为市政工程施工机型选择的参考。

3. 施工机械的配组

选定了施工机械的机种后，还需要通过对施工工艺和施工组织的研究，优化合理配组。

配组，就是在已选定的施工机械中，确定机组的主体机械，然后按需要配备辅助施工机械，使之配套成龙，形成单项工程机械化，以提高机械化施工的水平。在配组中应考虑并符合下列要求：

（1）配组后，机械应在规定施工期内完成计划的工作量；

（2）配组后主机的生产能力应充分得到发挥和利用；

（3）主体机械与辅助机械以及运输工具之间，得以优化搭配，各机械的工作能力保持平衡，使机组整体效益良好；

（4）全套施工机械的经营费用合理可行。

（二）施工机械的使用

1．施工机械使用要求

（1）要在机械性能许可范围内使用；

（2）严格按机械操作规程和安全操作规程进行操作；

（3）机械使用应纳入机械管理和工程项目的管理，落实机械施工的优化组织方案；

（4）机械驾驶或操作人员必须掌握必备的知识，进行严格的上岗培训，取得上岗证后，方可上机驾驶或操作；

（5）机械驾驶或操作人员应保持相对稳定；

（6）订立必要的机械使用和保养的规章制度，并付之实施；

2．反铲挖掘机在沟槽挖土中的使用

当选择反铲挖掘机进行沟槽挖土时，使用中有沟端与沟侧挖掘两种方法。

沟端挖掘是指挖土机安置在沟槽端部，向后倒退挖土，运土车辆在沟槽两侧，挖土斗可直接将土装入车中，见图 3-1 所示。这种挖掘方法能较好地控制边坡，也能挖掘沟槽两侧直立的边坡。其工作面的宽度可以达到机械最大挖土半径的 1.3 至 1.7 倍，深度可达挖掘机最大的挖土能力，并能逐个断面地按标准控制要求后，再移动挖掘机后退挖沟。

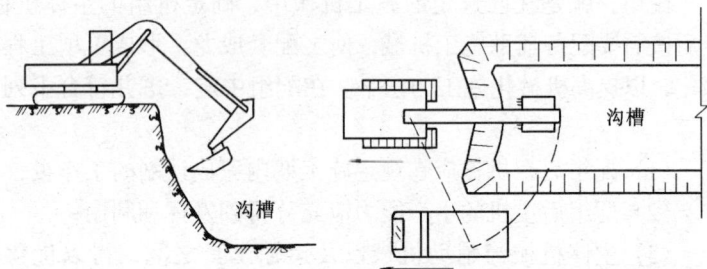

图 3-1　反铲挖掘机在沟端开挖

　　沟侧挖掘是指挖掘机安置在沟槽侧面，沿沟槽一侧横向直线移动挖掘，见图 3-2 所示。此法挖土能将土堆置于距沟槽较远的位置，一般适用于土方就地堆放不外运。它所挖掘的沟槽宽度仅能达到 0.8 倍左右的机械作业半径，同时较难控制沟槽的边坡，尤其是直立边坡。

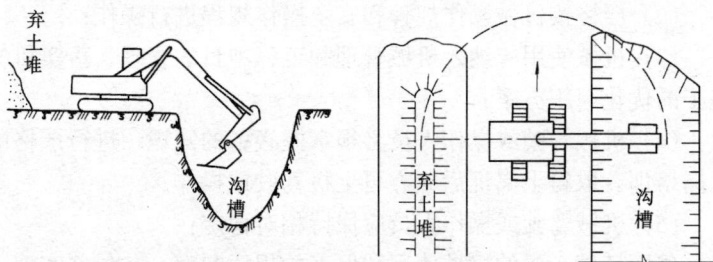

图 3-2　反铲挖掘机在沟槽侧面开挖

　　针对上述两种挖土方法，因地制宜地选择，将能获得合理使用机械的效果。

（三）施工机械的管理

　　施工过程中，对现场施工机械的管理主要包括：机械的组织调度、维修保养、安全管理等。

78

1. 机械的组织调度

机械的组织调度是施工现场有效、合理地使用机械设备的主要环节。为了防止出现各施工环节之间不协调，影响机械效能的发挥，拖延施工流水周期，以至造成人力、物力、财力的浪费现象。负责施工机械组织调度者，必须熟悉机械的性能和各种主要技术参数，使之合理调度，统筹安排，综合平衡，把各种机械生产能力发挥至最佳状态。

组织调度的方法一般采用分段综合作业法（顺序作业法和平行作业法）和流水作业法两种。

2. 维修保养

对施工机械经常性的维修保养，是合理使用机械，提高机械使用率的管理内容。为了提高机械使用寿命和设备的完好，必须制订一系列设备管理、列保制度及定期保养制度。为确保制度的落实，普遍采用定人定机、责任到人的做法，便于检查、考核和贯彻经济责任制。

3. 安全管理

工地上使用各种机械、机具、设备、变供电设施等，客观上存在着不安全因素，进行机械施工管理的同时，必须做好相应的安全管理，从技术措施、安全装置上加以控制，防止事故的发生。

（1）机械施工相应的安全管理

1）机械开挖沟槽前，通过触探及开挖样洞的方法，详细调查核实地下管线的情况，包括种类、位置、走向、高程以及危害程度等，并向司机认真交底。在明了清楚的情况下再用机械挖土。

2）机械挖土时，必须严格遵守挖土机械的安全技术操作规程。挖土前，应先发出信号；在挖掘机臂杆回转半径范围内，不许站人和进行其他作业；挖土应有专人指挥。

3）在有支撑的沟槽内，使用机械挖土，必须注意不得碰撞支撑。

4）挖掘机臂杆旋转半径范围内（包括沟槽内）施工人员不离开，机械操作人员不准从事挖土作业。

5）挖土机械在架空输电线路一侧施工时，臂杆与输电线路的安全距离不应小于表3-2的规定。

挖掘机臂杆与输电线的最小距离　　　　　　　　　表3-2

输电线路电压 V（kV）	< 1	1～35	≥60
最小距离（m）	1.5	3	0.01（V－50）÷3

还应特别注意：

① 遇有大风、雷雨、大雾的天气，机械不得在高压线附近施工。

② 在地下电缆附近工作时，必须查清电缆走向，严格保持在1m以外的距离操作。

③ 如因施工条件所限不能满足规定要求时，应与施工技术负责人员和有关部门共同研究，采取必要的安全措施后，方可施工。

6）当机械挖掘基坑、沟槽时，深度在5m以内，两边不加支撑时，其边坡坡度视各种土质情况而定，应特别注意安全操作；当深度超过5m或发现有地下水或土质发生特殊变化情况时，不得随意确定边坡坡度，应根据土壤实际性质，计算其稳定性，再确定边坡坡度。

7）挖掘机铲斗满载往汽车上装土时，应等汽车停稳，驾驶员离开驾驶室后，方可往车厢内装土。装土斗应尽量放低，但不得碰撞汽车任何部位。回转时，禁止铲斗从汽车驾驶室顶部越过，挖掘机回转半径内，不得停留其他车辆、机械和人员。

8）用挖掘机做起重工作时，要有统一指挥，统一信号；设备必须停放平稳；起重量不准超过动臂所处倾斜角允许的起重值；起吊重物禁止起重钩钢丝绳在不垂直位置；提升重物时，应先吊离地面10～50cm，确定各部正常后，包括检查起重机是否稳定，制动是否灵活可靠，绑扎是否牢固等，方可继续提升。

9) 使用打桩机打钢板桩前，必须详细核查地下设施情况，确认无地下障碍物时才能进行打桩。桩工场地应先予平实，作业区应有明显标志或围栏，严禁无关人员进入。

10) 使用起重机械进行吊排管或吊运其他物体时，施工人员必须安排有足够的作业场地，使起重臂杆起落及回转半径内无障碍物。操作人员必须对工作现场、构件重量和分布情况及周围环境包括行驶道路、架空线路、建筑物等进行全面了解。

11) 起重作业时，重物下方不得有人员停留或通过，无论何种情况严禁用起重机吊运人员。

12) 起重机进行起吊作业时，严禁斜拉、斜吊和起吊埋设在地下或固结在地面的重物。起吊现场浇注的混凝土构件和模板，必须全部松动后才能进行。

13) 起吊重物时应绑扎平稳、牢固，不得在重物上堆放或悬挂零星物件。装吊钢丝绳与绑扎物件的夹角不得小于 30°。

14) 操作人员和指挥人员必须密切配合，指挥人员必须熟悉所指挥的起重机机械性能，操作人员必须严格执行指挥人员的信号，如信号不清或错误时，可拒绝执行。

15) 其他各类机械，如夯实机械、压实机械、运输机械、混凝土施工机械、铁木工机械等的使用与施工均应参照有关的安全技术规程执行。

16) 夜间机械施工时，工地现场必须有良好的照明。

(2) 电气安全

1) 应正确选择配电室的位置，对于配电室应尽量选择在靠近负荷中心，以减少配电线路的长度和导线截面，提高配电质量。同时能使配电线路清晰，便于维护。配电室一般为独立式建筑物，其基本要求必须运行可靠，且使室内设备搬运、安装、操作和维修方便。配电室耐火等级应不低于三级。

2) 自备电源是保证外电线路供电发生中断时，不发生施工中断的应急措施。在重要的施工工地和不允许断电作业的场合经常使用，如深沟槽使用井点系统降水的工程中。自备电源可设置临时配电线路。自备发配电系统应采用具有专用保护零线的、中性点直接接地的、重复接地的三相五线制供配电系统。

3）在沟槽、管道或窨井内操作使用工作手灯照明时，必须使用 36V 及 36V 以下低压电源，不准使用 220V 电压，以确保安全。工作手灯应有胶把和网罩保护，用橡胶软线连接，使用时要轻放，不准用硬物砸、碰，不准用其他灯头代替工作手灯使用。

4）工地上常用移动式电气工具应有专人负责保管、定期检修和健全管理制度。每次使用前必须经过外观检查和电气检查，使绝缘强度始终保持在合格状态。金属外壳应有可靠的保护性接地或接零。每台移动电气工具必须单独配有漏电保护器，并使用多芯橡胶绝缘软线，其中一芯专供保护性接地或接零，导线两端联接必须牢固。

5）施工现场的电气安全事关重大，实施时必须严格执行有关安全技术规范。

（四）组织排水工程施工机械的作业

懂得了施工机械的使用和管理后，还必须善于组织施工机械的作业。其关键在于机械设备的布置、施工程序的确定、选定机械设备种类、规格、数量的落实，充分发挥其生产能力等。例如：

开槽埋管工程的施工程序主要分为：打钢板桩、打设井点降水系统、开挖沟槽、做基础铺设管道、填土夯实、拆除井点系统、拔钢板桩等。与之相配套的施工机械主要有：打桩机、井点设备、挖掘机械、吊车、夯土设备、打桩架、运输机械等。

如果只考虑开一个作业面，即安排一条流水线作业，在工期允许的情况下一般使用一台打桩机打钢板桩、多套的井点降水设备、一台挖掘机、若干辆自卸汽车、一辆吊车、一套拔桩设备即可。当有若干个作业面同时施工，除应考虑一条流水线的设备需用量外，还应考虑各个作业面之间的设备周转，再确定总的设备需用量。其中需要估算挖掘机数量及与之相配套的自卸汽车数量。

挖掘机数量估算

挖掘机数量估算主要根据土方量、计划工作日、每天工作班次、所选用挖掘机每台班的生产率及时间利用率来确定。这几个因素中，除挖掘机每台班的生产率需作估算外，其余各项目都是已知数。挖掘机生产率的确定，主要依据所选用挖掘机斗容量。挖掘机一个工作循环所需要的时间，土斗的充盈系数（一般0.8～1.1），然后再除以土的最初可松性系数。土的最初可松性系数是指自然状态下的土，经过挖掘后，其体积因松散而增加，一般土质愈硬，其最初可松性系数就愈大，如Ⅰ类土最初可松性系数为1.08～1.17，Ⅱ类土为1.14～1.24，Ⅲ类土为1.24～1.30。一般反铲挖掘机只适宜于挖Ⅰ～Ⅲ类土。

在实际工程中，有时施工单位根据自己的设备能力，先确定挖掘机的数量，则可利用上述的方法反算出工期。

自卸汽车配套估算

自卸汽车的载重量，应与挖掘机斗容量保持一定的倍数关系，一般不宜小于每斗土重的3～5倍。为此必须先确定自卸汽车每一工作循环所需的时间（分钟），再除以自卸汽车每次装车时间（分钟），如自卸汽车往、返、装、卸的循环延续时间为20min，而装车的时间为2min，则需要十辆自卸汽车才能满足挖掘机的连续作业。

实际上，在开槽埋管中，除了对沟槽的开挖作出合理的安排外，还应能及时完成管道基础与管道铺设施工。否则沟槽开得很长，而后道工序跟不上也是不行的。同样，管道铺设检验合格后，也不能暴露时间很长，必须及时填土覆盖。由此可见，下水管道的机械组织中，必须作全工序的综合性配套，才能使工程得以最佳状态。

四、水泥混凝土工程及钢筋混凝土施工

（一）水泥混凝土的基本概念

1. 水泥混凝土的组成

水泥混凝土是由水泥、石子、砂和水按照一定的（配合比）比例（有时还掺合一些外加剂）配合在一起，拌合均匀后成的混合料，浇筑在模板围成的空间里，并振动密实，经过养护，其内部的化学作用使混合料凝固硬化而成为一种人造石料。在水泥混凝土中，石子和砂起着骨架作用，称为"骨料"，石子为"粗骨料"，砂为"细骨料"。水泥遇水后水化，形成水泥浆，包裹在骨料表面并填充骨料间的空隙，拌合中作为骨料之间的润滑材料，使混合料具有适宜于施工的和易性。养护期间，随时间的延伸，水泥渐趋硬化，把骨料胶结在一起形成坚固的整体。其结构如图4-1。

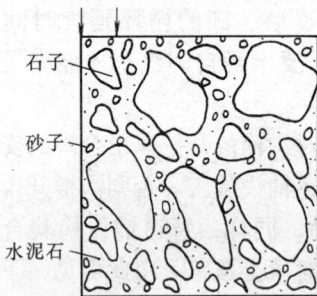

图4-1　混凝土结构示意图

2. 混凝土的性质

由于水泥混凝土是二阶段形成的材料。是通过具有良好流动性的混合料，硬化后成为一种人造石料的。因此，它具有不同阶段的性质。

（1）混凝土拌合物的性质

混凝土拌合物（混合料）的性质是混凝土在施工过程中特有的，它对成材后的混凝土强度及耐久性有很大影响。一般有拌合物的和易性、流动性、黏聚性、保水性等。特别是拌合物的和易性，是判别混凝土拌合物质量的重要内容。它包含了流动性、黏聚性、保水性三方面的性能。

混凝土拌合物的和易性是指混凝土在施工中是否适宜于操作，是否具有浇筑的构件质量均匀、成型密实的性能。

流动性是指混凝土拌合物在本身自重或施工机械振动的作用下，能产生一定的流动度，使之均匀密实地填满模板中各个角落的性能。

黏聚性是指混凝土拌合物具有一定的内聚力。在运输、浇灌、捣实过程中不致分层、离析、泌水等现象，并保持均匀的性质。

保水性是指混凝土拌合物保持水分不易析出的能力。

混凝土浇筑时坍落度   表 4-1

项次	结 构 种 类	坍落度（mm）
1	基础或地面等的垫层，无配筋的大体积结构（挡土墙、基础等）或配筋稀疏的结构	10~30
2	板、梁和大、中型截面的柱子等	30~50
3	配筋密列的结构（薄壁、斗仓、筒仓、细柱等）	50~70
4	配筋特密的结构	70~90

注：1. 本表系指采用机械振动的坍落度，采用人工捣实时可适当增大；

    2. 需要配制大坍落度混凝土时，应掺有外加剂；

    3. 曲面或斜面结构的混凝土，其坍落度值应根据实际需要另行选定；

    4. 轻骨料混凝土的坍落度，宜比表中数值减少 10~20mm。

在工地上或试验室里，通常是以坍落度为指标测定拌合物的流动性，并辅以直观经验评定黏聚性和保水性。从而确定混凝土拌合物的和易性。坍落度值小，说明混凝土拌合物的流动性小，和易性就差，给施工带来不便，甚至影响工程质量。但坍落度值过大，造成流动性过大，和易性也就不好，会使骨料与水泥浆分离，混凝土出现分层，造成上下不匀。所以混凝土拌合物的坍落度值应在一个适宜范围内，才能认定混凝土拌合物的最佳和易性。表 4-1 可作为结构种类、钢筋的密集程度及振捣方法进行混凝土拌合物坍落度选用时的参考。

影响混凝土拌合物的和易性因素很多，主要有水泥品种、水泥浆数量、水灰比大小、粗细骨料颗粒级配、砂率大小以及施工温度、拌合后的时间等因素，混凝土拌合物的和易性还与外加剂、搅拌时间等因素有关。

(2) 硬化混凝土的性质

混凝土拌合物在一定条件下随着时间推移逐渐硬化成具有其他性能的块体，称为硬化混凝土。硬化后的混凝土应具有足够的强度和耐久性。

1) 混凝土的强度

混凝土的强度主要包括：抗压、抗拉、抗剪强度。一般所说的混凝土强度是指抗压强度，在钢筋混凝土结构中大都采用混凝土的抗压强度来评定混凝土的质量。

抗压强度以强度等级来表示。根据混凝土的标准立方体 (150mm × 150mm × 150mm) 试块，在标准养护条件下养护 28 天，进行试压，测得的抗压强度值（单位 MPa）定混凝土强度等级。常用强度等级有 C7.5、C10、C15、C20、C25、C30、C35、C40、C45、C50、C55、C60 等。

如采用其他尺寸混凝土试块，确定强度等级时，测得的强度值均换算成标准强度，即应乘以尺寸换算系数。

150mm × 150mm × 150mm，系数为 1。

100mm × 100mm × 100mm，系数为 0.95。

200mm × 200mm × 200mm，系数为 1.05。

混凝土的抗压强度主要取决于水泥强度等级和水灰比，其次是骨料的强度与级配，养护、施工条件等都对混凝土的抗压强度会产生影响。

2) 混凝土的耐久性

混凝土的耐久性是指混凝土除了具有一定的强度以能承受荷载外，还能在外界条件作用下具有经久耐用的性能，例如抗渗、抗冻、抗蚀、抗磨、抗风化等要求，这些性能称为耐久性。

混凝土的耐久性与混凝土的密实度有着密切的关系，而混凝土的密实度主要取决于水灰比和单位体积混凝土中的水泥用量。所以，一般土建工程中混凝土或钢筋混凝土结构，每立方米混凝土的最大水灰比及最小水泥用量，应符合表 4-2 的要求。

混凝土的最大水灰比和最小水泥用量表（JGJ55—2000）　表 4-2

环 境 条 件	结 构 物 类 别	最大水灰比			最小水泥用量（kg/m³）		
		素混凝土	钢筋混凝土	预应力混凝土	素混凝土	钢筋混凝土	预应力混凝土
干燥环境	正常的居住或办公用房屋内部件	不作规定	0.65	0.60	200	260	300
潮湿环境（无冻害）	（1）高湿度的室内部件；（2）室外部件；（3）在非侵蚀性土和（或）水中的部件	0.70	0.60	0.60	225	280	300
潮湿环境（有冻害）	（1）经受冻害的室外部件；（2）在非侵蚀性土和（或）水中且经受冻害的部件；（3）高湿度且经受冻害的室内部件	0.55	0.55	0.55	250	280	300
有冻害和除冰剂的潮湿环境	经受冻害和除冰剂作用的室内和室外部件	0.50	0.50	0.50	300	300	300

注：1. 当用活性掺和料取代部分水泥时，表中的最大水灰比及最小水泥用量即为替代前的水灰比和水泥用量；

　　2. 配制 C15 级及以下等级的混凝土，可不受本表限制。

就整体而言，混凝土具有很多优点：

1）具有较高的强度，能承受较大的荷载，在外力作用下变形小。

2）具有良好的可塑性，可以根据建筑结构的需要，利用模板浇筑成各种形状和尺寸的构件，也可在工厂或现场预制，有利于构件预制装配化、机械化施工的推广。

3）具有较高的耐久性，混凝土对自然气候的干湿、冷热变化、冻融循环，外力磨损等都具有较强的抵抗力，在正常情况下耐用年限较长，可达50年以上。

4）材料价格较低，除水泥外，砂、石、水等占全部体积的80%以上，可以就地取材，成本低。

5）耐火性好，混凝土是热的不良导体，过火只能损伤表面，不易破坏其内部。

当然，混凝土也存在不少缺点：

1）自重大，其构件的运输和安装比较困难。

2）抗拉强度较低，抗裂性能较差。

3）硬化前需要较长时间的养护期，现场施工易受气候条件（低温、暴晒、雨季）的影响，增加施工难度。

（二）混凝土配合比设计原理和常用外加剂的配制

1. 混凝土配合比设计原理

混凝土配合比是指混凝土中各组成材料的数量比例。它设计的任务是在给定材料品种、规格的情况下，确定混凝土各组成材料的用量比例，以便配制能满足有关工程在设计、施工及使用上要求的混凝土。

混凝土配合比常用质量比表示，即以水泥质量为1，并按水泥∶砂∶石∶水的质量比来表示。

（1）配合比设计的基本要求

1）要使混凝土拌合物具有良好的和易性；

2）要满足强度要求，即满足工程结构设计或施工进度所要求的强度；

3）要满足工程使用及气候条件所要求的（抗渗、抗冻、抗蚀等）耐久性；

4）在保证工程质量的前提下，应尽量地节约水泥，合理使用材料和降低成本。

（2）配合比设计的三个参数

混凝土是由水泥、砂、石子与水组成。配合比设计是解决这四种材料的三个基本比例，即三个参数。

1）水灰比：是水与水泥的比例，是计算混凝土强度的关键参数。

2）砂率：指在粗细骨料的总重中，砂子应占的比例。砂率可以使骨料达到最优的级配，对新拌混凝土将起关键的作用。

3）单位用水量：单位用水量是水泥净浆与骨料的比例。水泥净浆即胶凝体，它的作用是胶结骨料，因此它必须充分填满骨料之间的空隙。

确定混凝土配合比三个参数的原则，如图4-2所示。

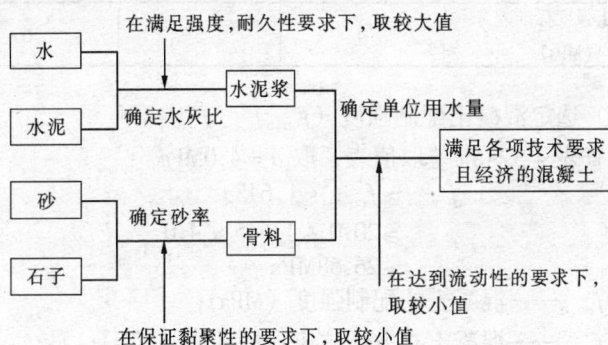

图4-2 确定混凝土配合比示意图

2. 配合比设计的方法和步骤

混凝土配合比设计，目前采用计算与试验相结合的方法进行。设计方法有绝对体积法与假定表观密度法（假定质量法、假定容重法）。下面通过普通混凝土配合比设计实例介绍目前较常用的绝对体积法。

制作钢筋混凝土梁。混凝土设计强度等级为C20，混凝土由机械搅拌、机械振动，施工要求坍落度为30～50mm，确定其配合比。

使用材料：

水泥：普通水泥，实测强度为 45MPa，密度 ρ_C 为 $3.1g/cm^3$；

砂子：中砂，表观密度 ρ'_S 为 $2650kg/m^3$，松散密度 ρ_S 为 $1490kg/m^3$；砂子含水率为 5%；

石子：卵石，表观密度 ρ'_G 为 $2730kg/m^3$，松散密度 ρ_G 为 $1500kg/cm^3$，最大粒径为 20mm；石子含水率为 1%；

水：自来水。

采用绝对体积法计算。绝对体积法是使混凝土的体积等于各组成材料绝对体积之总和。

标准差取值表 表4-3

混凝土强度等级（MPa）	C10 ~ C20	C25 ~ C40	C50 ~ C60
混凝土强度标准差 σ（MPa）	4	5	6

（1）选定混凝土配制强度（$f_{cu,o}$）

经查表 4-3 标准差取值表，取 $\sigma = 4.0$MPa

$$f_{cu,o} \geq f_{cu,k} + 1.645\sigma \qquad (4-1)$$
$$\geq 20.0 + 1.645 \times 4.0$$
$$\geq 26.58\text{MPa}$$

式中　$f_{cu,o}$——混凝土的配制强度（MPa）；

　　　$f_{cu,k}$——混凝土立方体抗压强标准值（MPa）；

　　　σ——混凝土强度标准差（MPa），当无统计资料计算标准。

（2）计算水灰比

确定水灰比，必须从混凝土的强度和耐久性两方面同时考虑。首先应按强度要求确定水灰比，然后按耐久性复核水灰比。考虑到施工现场的条件与试验室条件的差异。所配置的强度应比设计强度稍高。

根据试配强度 $f_{cu,o}$、水泥实际强度和粗集料种类，利用经验公式计算水灰比：

采用碎石配制混凝土时，式 (4-2)。

$$f_{cu.o} = 0.46f_{ce}\left(\frac{C}{W} - 0.07\right) \tag{4-2}$$

采用卵石配制混凝土时，式 (4-3)。

$$f_{cu.o} = 0.48f_{ce}\left(\frac{C}{W} - 0.33\right) \tag{4-3}$$

式中　$f_{cu,o}$——混凝土的配制强度（MPa）；

C/W——混凝土的灰水比值；

f_{ce}——水泥 28d 抗压强度实测值。

取 $f_{cu.o} = 0.48f_{ce}\left(\frac{C}{W} - 0.33\right)$ 在无法取得水泥实际强度数值时，可用式 (4-4) 代入：

$$f_{ce} = \gamma_c f_{ce.g} \tag{4-4}$$

$$= 1.13 \times 45 = 50.85$$

式中　$f_{ce,g}$——水泥强度等级值；

γ_c——水泥强度等级值的富余系数，应按不同地区水泥具体情况定出，当无统计资料时，可采用全国平均水平值1.13。

$$26.58 = 0.48 \times 50.85(C/W - 0.33)$$

$$C/W = 1.42 \qquad 则 \quad W/C = 0.70$$

无冻害，素混凝土，室外部件，查表 4-2 满足要求。若大于规定的最大水灰比值时，则按表中的最大水灰比选取。

（3）确定用水量

干硬性混凝土的用水量（kg/m³） 表 4-4

拌合物稠度		卵石最大粒径（mm）			碎石最大粒径（mm）		
项　目	指　标	10	20	40	16	20	40
维勃稠度（S）	16～20	175	160	145	180	170	155
	11～15	180	165	150	185	175	160
	5～10	185	170	155	190	180	165

塑性混凝土的用水量（kg/m³）　表 4-5

拌合物稠度		卵石最大粒径（mm）				碎石最大粒径（mm）			
项　目	指标	10	20	31.5	40	16	20	31.5	40
坍落度 （mm）	10～30	190	170	160	150	200	185	175	165
	35～50	200	180	170	160	210	195	185	175
	55～70	210	190	180	170	220	205	195	185
	75～90	215	195	185	175	230	215	205	195

注：1. 本表用水量系采用中砂时的平均取值。采用细砂时，每立方米混凝土用水量可增加 5%～10%（kg）；采用粗砂时则可减少 5%～10%（kg）。

　　2. 掺用各种外加剂或参和料时，用水量应相应调整。

混凝土用水量是指混凝土搅拌时每立方米的用水量。它的确定直接影响所配制混凝土的性能和经济效果。主要与所选的稠度（坍落度）和集料的品种、粒径有关。设计配合比时，应力求采用最小单位用水量，可查表 4-4 与表 4-5 或计算确定，然后通过试拌，根据实际测量结果予以修正。

本例施工要求坍落度为 30～50mm，卵石最大粒径 20mm，查表 4-5 得每立方米混凝土用水量 $W = 180$kg

（4）计算水泥用量

根据已确定的水灰比及用水量，按下式（4-5）计算：

$$C = \frac{C}{W} \times W \tag{4-5}$$

$$= 1.42 \times 180 = 255.6\text{kg}$$

式中　　C——每立方米混凝土的水泥用量；

$\dfrac{C}{W}$——灰水比；

W——每立方米混凝土的用水量。

（5）确定砂率

砂率是指砂的质量在砂石总质量中占的百分比。按《普通混凝土配合比设计规程》要求，根据集料品种、规格及水灰比值，通过查表 4-6 确定。

水灰比	碎石最大粒径（mm）			卵石最大粒径（mm）		
	15	20	40	10	20	40
0.40	30 ~ 35	29 ~ 34	27 ~ 32	26 ~ 32	25 ~ 31	24 ~ 30
0.50	33 ~ 38	32 ~ 37	30 ~ 35	30 ~ 35	29 ~ 34	28 ~ 33
0.60	36 ~ 41	35 ~ 40	33 ~ 38	33 ~ 38	32 ~ 37	31 ~ 36
0.70	39 ~ 44	38 ~ 43	36 ~ 41	36 ~ 41	35 ~ 40	34 ~ 39

注：1. 表中数值系中砂的选用砂率，对细砂和粗砂可相应地减少或增大砂率；

　　2. 本砂率表适用于坍落度为 10 ~ 60mm 的混凝土。坍落度大于 60mm 或小于 10mm 时，应相应地增大或减少砂率；

　　3. 只用一个单粒级粗集料配制混凝土时，砂率值应适当增大；

　　4. 对薄壁构件砂率取偏大值；

　　5. 掺用各种外加剂或掺合料时，其合理砂率值应经试验或参照其他有关规定选用。

本例水灰比值 $W/C = 0.70$，卵石最大粒径为 20mm，查表4-6 得 $S_P = 35\% ~ 40\%$，选砂率为 35%。

影响合理砂率的因素很多，计算方法得出砂率不尽准确、合理。可以结合经验和实际试验所得数据进行调整。一般在保证新拌混凝土不离析，又能很好地灌注、捣实的情况下，尽量选用较小的砂率，有利于节约水泥。

（6）计算砂石用量

假定 1m³ 混凝土的材料（水泥、砂、石、水、空气）拌合成型时为完全密实状态，且体积为 1m³。按以下两个关系式计算：

$$\frac{C}{\rho_C} + \frac{S}{\rho'_s} + \frac{G}{\rho'_G} + \frac{W}{\rho_w} + 10\alpha = 1000 \qquad (4\text{-}6)$$

式中　　C、S、G、W——水泥、砂、石、水的质量；

　　ρ_C、ρ'_s、ρ'_G、ρ_w——水泥、砂、石、水的表观密度、密度；

　　　　　　　　α——混凝土含气量百分数，在不使用引气型外加剂时，其值可取 1（%）。

$$S_P = \frac{S}{S + G} \times 100\% \qquad (4\text{-}7)$$

将有关数值代入式中，并求得：

$$S = 686.60\text{kg}$$

$$G = 1275.70\text{kg}$$

（7）列出初步配合比

设水泥用量为 1，则各种用料的配合比例如下式：

$$W : C : S : C = \frac{W}{C} : 1 : \frac{S}{C} : \frac{G}{C} \qquad (4-8)$$

C、S、G、W——水泥、砂、石、水的用量

$C : S : G : W = 256 : 687 : 1276 : 180 = 1 : 2.68 : 5.00 : 0.70$

（8）试配与调整

若上述比例经试配后坍落度、强度均满足要求，不需要调整，只需进行表观密度调整。现试配得混凝土的实测表观密度为 2522kg/m^3，而计算表观密度为 2399kg/m^3，故得出校正系数。

$$K = \frac{\text{混凝土实测表观密实度}}{\text{混凝土计算表观密实度}} \qquad (4-9)$$

$$= 2522 \div 2399 = 1.051$$

由此得出每立方米混凝土材料用量应为

$$C = 256 \times 1.051 = 269\text{kg}$$

$$S = 687 \times 1.051 = 722\text{kg}$$

$$G = 1276 \times 1.051 = 1341\text{kg}$$

$$W = 180 \times 1.051 = 189\text{kg}$$

当和易性、强度不符时的调整：

和易性（坍落度）不能满足要求时，或黏聚性和保水性不好时，可在保持水灰比不变的条件下相应调整用水量或砂率。还可掺和减水剂来调整坍落度。

强度不能满足设计要求时，可采取提高水泥强度；降低水灰比；选用强度较高的石子；减少砂中的杂质；改善集料级配；加强振动和养护等措施。但以掺加减水剂最为简单，强度提高也最明显。当强度超过设计要求过多时，亦应进行调整。

（9）计算施工配合比

上述设计配合比也称试验室配合比。它是以干燥材料为基础进行设计计算的，而实际工程中使用的砂石材料都含有一定的水分，故试验室配合比还不能在工地施工时直接使用。现场各材料的实际用量应按工地砂石的含水量进行修正，修正后的配合比叫做施工配合比。

现场砂子含水率为 5%，石子含水率为 1%，则需求出湿料的实际用量，并在加水量中扣除由砂子、石子带入的水量，其计算如下：

砂：$S' = S(1 + a\%) = 722 \times (1 + 5\%) = 758kg$

石：$G' = G(1 + b\%) = 1341 \times (1 + 1\%) = 1354kg$

水：$W' = W - S \times a\% - G \times b\% = 189 - (722 \times 5\% + 1341 \times 1\%) = 139kg$

水泥：$C' = C = 269kg$

在此基础上做试块，测定其强度，如不符合要求，则需调整水灰比重新试验。

3. 常用外加剂的配制

在混凝土拌合物拌合前掺入的，其量不大于水泥重量 5%，并能按要求改变混凝土性能的材料称为混凝土外加剂。近些年来，外加剂的生产和应用发展很快，品种也越来越多，已成为除水泥、砂、石、水外，混凝土的第五组成部分。

实践证明，在混凝土中掺入少量外加剂，改善混凝土材料的性能，往往比采用特殊水泥来得方便、灵活。

（1）外加剂的分类与功能

1）外加剂的分类

按功能分类有下列几种

①改善混凝土流动性能的有减水剂、引气剂、保水剂等；

②调节混凝土凝结、硬化速度的有缓凝剂、早强剂、速凝剂等。

③调节混凝土含气量的有引气剂、加气剂、泡沫剂、消泡剂等。

④改善混凝土耐久性的有加气剂、阻锈剂、抗冻剂、抗渗剂、防水剂等。

⑤为混凝土提供特殊性能的有加气剂、泡沫剂、着色剂、膨胀剂、碱骨料反应抑制剂等。

2）外加剂的功能

在混凝土中掺入不同的外加剂，能引起不同的效果。归纳起来主要的功能有：改善和易性，提高早期强度，增强后期强度，调节凝结时间，延缓水化放热，提高耐久性。抑制碱骨料反应，增加混凝土与钢筋的握裹力，阻止钢筋锈蚀等。有的外加剂同时具有两种以上的功能。

（2）常用外加剂的应用

1）减水剂

减水剂能在保持混凝土和易性不变的情况下，显著减少拌合水量的外加剂。它有普通型和高效型两种。

普通减水剂是指在混凝土坍落度基本相同的条件下，一般性减少拌合用水量的外加剂。提高混凝土抗渗性，降低透水性40%～80%，减少泌水和离析现象。高效减水剂是在混凝土坍落度基本相同的条件下，能大幅度减少拌合用水量的外加剂。

减水剂除减少拌合用水量外，还有：

①使水泥粒子分散，改善和易性，满足泵送混凝土施工要求；

②增加了混凝土强度、耐久性和密实性；

③减少了单位水泥用量。

2）早强剂

早强剂是一种加速混凝土硬化过程，提高早期强度并对后期强度无明显影响的外加剂。目前，常用早强剂有三大类：氯盐、硫酸盐、三乙醇胺以及以它们为基础的复合早强剂。使用时应注意，更多的使用复合早强剂，使其具有较好的早强效果；使用的掺量应根据规定执行；对放有钢筋或金属材料的混凝土及使用在相对湿度环境的混凝土中，务必慎重使用氯盐、含氯盐的复合早强剂、早期减水剂和硫酸盐及复合剂，因为它们具有一定的腐蚀作用。

3）引气剂

引气剂是在混凝土搅拌过程中，能引入大量分布均匀的微小气泡，以减少混凝土的泌水离析，改善和易性，并能显著提高硬化混凝土的抗冻融、耐久性的外加剂。

掺引气剂的混凝土，其微小的独立气泡在混凝土中起着滚珠轴承的作用，使混凝土流动性大大提高；在流动性保持不变情况下，可减水 10%左右。同时，这些微小气泡隔断了混凝土中毛细管渗水通路，使混凝土的抗渗性和防冻性显著提高，一般可提高等级 1~2 倍，而且对抗裂也有利。但掺引气剂常使混凝土的抗压强度有所降低，普通混凝土强度约降低 5%~10%。

4）缓凝剂

缓凝剂是能延缓混凝土凝结时间，并对混凝土后期强度发展无不利影响的外加剂。在需要推迟凝结、延长大体积混凝土放热时间和分层浇灌混凝土间隔时间较长等场合，常在混凝土中掺入缓凝剂。

缓凝剂绝大部分有减水作用，实际上是缓凝减水剂，仅有少数缓凝剂没有减水作用，它会使混凝土强度有所下降，很少使用。缓凝减水剂的减水率达到 5%~10%，初凝延长 1~4h，终凝延长不超过 3h，混凝土强度提高约 10%。

5）防冻剂

防冻剂是在一定负温条件下，显著降低冰点，使混凝土液相不冻结或部分冻结，确保水泥水化反应的进行，并在一定的时间内获得预期强度的外加剂。它有氯盐类、氯盐阻锈类、无氯盐类等。其掺量不能过多，根据施工温度，通过试验确定。

氯盐类、氯盐阻锈类防冻剂同样对钢筋等金属及相对湿度的混凝土具有一定的腐蚀作用，使用时应慎重，注意其适用范围；无氯盐防冻剂，可用于钢筋混凝土工程和预应力混凝土工程；硝酸盐、亚硝酸盐、磷酸盐外加剂不得用于预应力混凝土工程以及与镀锌钢材或铝铁相接触部位的钢筋混凝土工程中。

（三）钢筋混凝土中的钢筋作用

混凝土能承受很大的压力，但抵抗拉力的能力却很低，大约是抗压能力的十分之一。混凝土受拉时很容易断裂，如图 4-3 (a) 所示，因此使用范围受到限制。如果在混凝土结构的受拉部位放入钢筋，使两种材料粘结成一个整体，共同承受外加荷载，既能抗压又能抗拉，成为配有钢筋的混凝土构件，即称为钢筋混凝土构件，如图 4-3 (b) 所示。

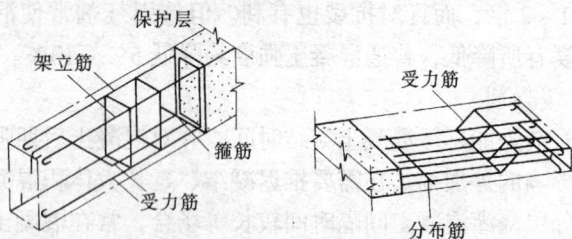

图 4-3　钢筋混凝土梁受力图

凡用钢筋混凝土制成的梁、板、柱、基础等构件，均称为钢筋混凝土构件。配置在钢筋混凝土构件中的钢筋，如图 4-4。按其作用不同可分为下列几种。

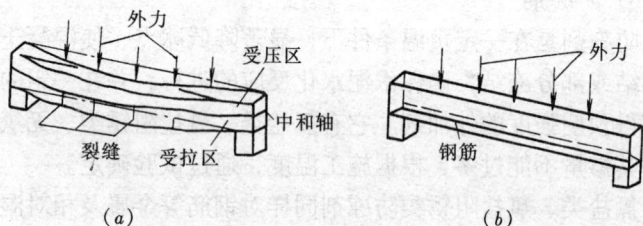

图 4-4　钢筋混凝土构件中的钢筋

（1）受力筋：是指在钢筋混凝土构件中承受主要力的钢筋。

98

其中承受压力的称受压筋，承受拉力的称受拉筋。受力筋普遍存在于梁、板、柱等各种钢筋混凝土构件中。梁、板的受力筋有直筋和弯筋两种。

（2）箍筋：也叫钢箍。在钢筋混凝土构件内，一般为横向配置的钢筋，通常为封闭形式。主要作用是抵抗剪力、加强受力钢筋的稳定，并固定受力筋的位置。它同样存在于梁、柱内。

（3）架立筋：是钢筋混凝土构件内的辅助钢筋，用于固定构件内的钢筋位置，构成构件内的钢筋骨架。

（4）分布筋：也是钢筋混凝土构件中的辅助钢筋，但它常与受力钢筋方向垂直布置，使构件中各受力钢筋所受的力分布均匀，在浇筑混凝土时起固定受力钢筋的作用。

（5）其他：因构件中的构造需要或施工安装的需要，而配置的钢筋，称构造筋。如腰筋、预埋锚固筋等。

（四）混凝土工程施工操作方法

1. 浇筑前的准备

（1）清理地基

若混凝土直接浇筑在地基上时，应事先校正地基的标高和轴线位置，并清理地基上的淤泥和杂物，如有不平，应加以整修，若发生超挖则不能以土填平，必须用碎石或路面坚硬旧料等加以填实。

（2）模板检查

检查模板的位置、标高、截面尺寸等是否与设计相符，模板的支撑结构是否牢固，预埋件是否固定，模板缝是否严密，模板内垃圾、杂物是否清除，浇筑前模板是否涂油、浇水湿润。

（3）钢筋检查

检查钢筋的位置、规格、数量是否与设计相符，钢筋骨架是否稳固，绑扎是否牢固，控制混凝土保护层厚度的水泥垫块是否垫好，预埋件是否按要求安置。

（4）材料机具、运输道路的检查

对于材料，主要检查其在质量上能否满足选用配合比所规定的要求，数量上能否满足施工的需要。对于机具设备，主要检查其运转是否正常，数量是否满足需要。对于运输道路，主要检查其是否平整、畅通。

（5）安全、质量等技术交底

对安全措施，要认真检查是否安全可靠及有无隐患，对重要的施工部位及施工中容易发生事故之处，应详细地作安全工作的交底。技术交底包括：作业班组的计划工程量，劳动力的组织与分工职责，施工顺序、方法及施工缝设置，操作要求与质量要求。

（6）其他事项

施工前及时与水、电供应部门联系，以防止水电供应中断，了解天气预报，准备好防雨、防冻及防暴晒等设施；考虑机械故障及零件损坏等情况，应作好修理和更换的准备，如需夜间施工，应准备照明设备，在施工过程中，应做好生活及后勤管理工作。

（7）现场混凝土施工程序见图 4-5。

2. 混凝土搅拌

（1）机械搅拌

1）投料

砂石材料进入拌合机料斗前，必须按现场级配单规定的每拌所用重量分别进行称重。水泥以袋装为准，如用散装水泥，也应每次称重。砂、石的含水量应经常测定（尤其是雨天），根据变化随时调整配合

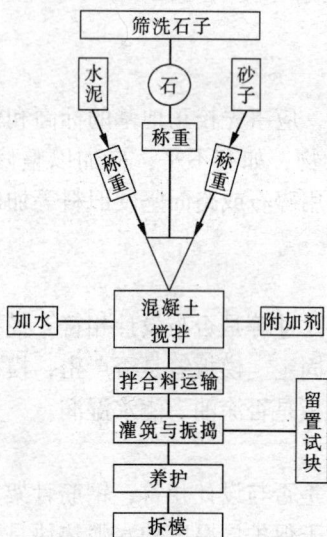

图 4-5　现场混凝土施工程序

比。每次材料称重的偏差不得超过规定，水泥和干燥状态的外掺材料≤2%；砂、石材料≤5%；水、潮湿状态的外掺混合材料的水溶液≤2%。

向料斗中装料顺序是先装石子，再水泥，最后是砂，这样把水泥夹在砂石中间，在上料时水泥不致飞扬，而且不易过多地粘附在搅拌筒上。每次装料不得超过搅拌筒容量。在材料未进拌合机前，先使拌合机空转，然后加入每拌用水量的2/3，当材料全部加入后再加余下的1/3水量，这样拌合使混凝土容易均匀。

含有有害杂质（如油类、酸、糖、有机杂物等）的水会影响水泥的正常凝结和硬化，使混凝土强度降低。因此，对混凝土拌合水的质量要严格要求。一般应用干净的自来水及洁净的天然水，工业废水不得使用，使用海水也应受到一定的限制，以免使钢筋锈蚀或使混凝土抗冻性能降低。

2）搅拌

混凝土搅拌常用混凝土搅拌机，不但工效高，并且搅拌的质量好。

搅拌的时间要适宜，要使各种材料混合均匀，色泽一致。若搅拌时间过长，石子棱角易磨耗，容易造成混凝土离析；搅拌时间过短，拌合不均匀，和易性差。搅拌时间与混凝土的和易性要求、搅拌机的类型、搅拌容量、骨料的品种和粒径有关，一般为1～2min。混凝土全部原材料投入搅拌筒，开始搅拌到开始卸料为止的最短搅拌时间应符合表4-7规定的要求。

混凝土搅拌的最短时间（s）   表 4-7

混凝土坍落度（mm）	搅拌机机型	搅拌机出料量（L）		
		< 250	250～500	> 500
≤30	强制式	60	90	120
	自落式	90	120	150
>30	强制式	60	60	90
	自落式	90	90	120

注：掺有外加剂时，搅拌时间应适当延长。

（2）人工搅拌

人工搅拌不但劳动强度高，质量也比不上机械搅拌那样均匀，只有在没有电源、无机械设备的条件下或混凝土量少的情况时才使用。操作时必须采用"三干四湿"拌合法。

搅拌必须在铺有不渗水的拌板（通常用铁板）上进行。所谓"三干四湿"拌合法是先将砂倒在拌板上，再将水泥倒在砂上，用铁铲干拌两遍，使材料颜色均匀，再将石子倒入，干拌一遍，然后逐渐加入定量的水，湿拌四遍。判别搅拌完成，主要看颜色均匀一致，石子与水泥砂浆无分离或不均匀的现象。

3. 混凝土的运输

混凝土拌合物从搅拌机出料后，应以最少的转载次数、最短的时间，运至浇筑地。

（1）运输工具

运输混凝土，如运距较近时，可采用双轮手推车、机动翻斗车，运送的容器应严密、不吸水、不漏浆，使用前要湿水，对于粘附在容器上的混凝土残渣应经常清除。当运距较远时，采用自卸汽车或混凝土搅拌运输车。垂直运输采用井架、起重机或混凝土泵等。

（2）运输中的一般要求

1）混凝土在运输过程中，应保持匀质性，做到不分层、不离析、不漏浆。

2）混凝土运至浇筑地时，应具有规定的坍落度。

3）运至浇筑地的混凝土，发现离析或初凝现象时，必须在浇筑前，进行二次搅拌均匀后方可入模。

（3）出料后延续的时间要求

混凝土从搅拌机卸出后到浇筑完毕的延续时间，不宜超过表4-8的规定。从而要求运输必须满足这一延续时间的需求。

4. 混凝土浇筑

混凝土浇筑是混凝土施工的关键工序之一，它对混凝土的质量，结构的整体性、密实度都有直接影响。

混凝土从搅拌机卸出后到浇筑完毕的延续时间（min） **表 4-8**

混凝土强度等级	气	温
	≤25℃	>25℃
低于及等于 C30	120	90
高于 C30	90	60

注：1. 掺用外加剂或采用快硬水泥拌制混凝土时，应按试验确定；

2. 轻骨料混凝土的运输、浇筑延续时间应适当缩短。

（1）混凝土浇筑方法和一般规定

1）混凝土运至现场随即进行浇筑，应在水泥初凝前完成。发现混凝土坍落度过小难以振捣密实时，应按水灰比增加水泥浆，重新拌合后浇灌。

2）浇筑方向一般从远而近逆向进行，逐渐缩短其运输距离，避免扰动捣实后的混凝土。上下浇筑应先低处后高处，逐层进行，尽可能使混凝土顶面保持水平。

3）人工进料时，应全部采用反铲下料；采用串筒下料时，串筒的稳定牵引绳应系在距串筒底端上两至三节处，并使最下端 2～3 节串筒保持垂直；灌浇厚度尺寸较大的竖向构件，当采用手推小车下料时，应在模板上口装料斗缓冲。所有这些，都是为避免和防止混凝土离析和分层，影响混凝土的质量。

4）混凝土自高处向下倾落时，其自由倾落高度不应超过 2m，如超过 2m，应采用串筒或滑槽，使混凝土沿串筒或滑槽下落，以避免混凝土离析。

5）为使混凝土浇捣密实，对厚度尺寸较大的构件，混凝土应分层并连续浇筑。决不可一次投料过多、过厚，造成混凝土振捣不密实。混凝土分层浇筑的厚度应符合表 4-9 的规定。

6）为保证混凝土构件的整体性，混凝土浇筑应一次完成，如必须停歇时，停歇时间应尽量缩短，必须在已浇筑的混凝土初凝前继续进行浇筑。允许最大间歇时间按表 4-10 的规定。超过规定考虑留置施工缝。

项次	捣实混凝土的方法		浇筑层的厚度
1	插入式振动		振动器作用部分长度的 1.25 倍
2	表面振动		200
3	人工捣固	在基础、无筋混凝土或配筋稀疏的结构中	250
		在梁、墙板，柱结构中	200
		在配筋密列的结构中	150
4	轻骨料混凝土	插入式振动器	300
		表面振动（振动时需加荷）	200

混凝土浇筑中的最大间歇时间（min）　表 4-10

混凝土强度等级	气　温	
	≤25℃	>25℃
≤C30	210	180
>C30	180	150

注：1. 本表数值包括混凝土的运输和浇筑时间；
　　2. 当混凝土中掺有促凝或缓凝型外加剂时，浇筑中的最大间歇时间，应根据试验结果确定。

7）降雨、雪时，不宜在露天浇筑混凝土。如需浇筑时，应采取有效措施，确保混凝土质量。

（2）混凝土的振捣

混凝土浇筑入模板后，必须经过振动，使其内部的空气和部分游离水排挤出来，同时使砂浆充满石子间空隙，混凝土填满模板四周，以达到内部密实，表面平整，符合设计要求的目的。振动的方法分机械振动和人工捣固二种。

1）机械振动

常用的电动振动器为插入式振动器和平板式振动器。

①插入式振动器振动作用半径为 40cm 左右，依靠振动棒的高频率振动达到混凝土密实的效果，用于大型块体、梁、柱、较

104

厚的板形结构及构件断面较大的部位。

使用插入式振动器时，应上下不断抽动，做到"快插慢拔"，使振后不留"插孔痕迹"；各个振动时间要大致相同，一般为20~40s；水平移动距离应保持一致，移动形式有排列式和交错式（图4-6）；分层浇筑混凝土时，为了使上下层能紧密连接，振动器应插到前一层混凝土内6~10cm，见图4-7。要做到浇筑到一定高度（不超过振动棒的长度）的混凝土随灌随振，必须在混凝土初凝前将混凝土振动完毕。

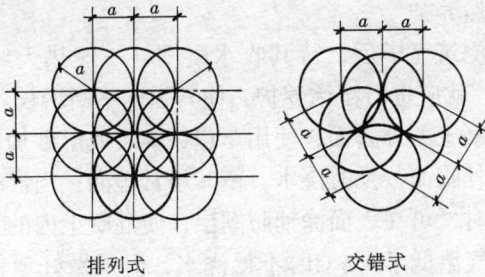

排列式　　　　　交错式

图4-6　插入式振动器移动形式

a—振动器的作用半径

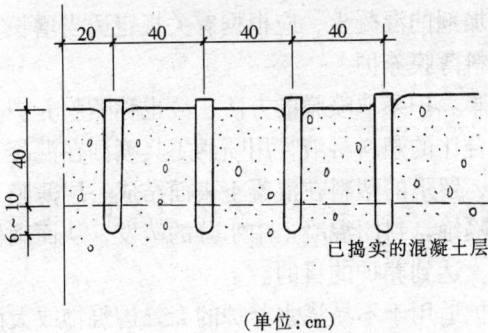

（单位：cm）

图4-7　插入式振动器的插入深度

振动时间是否合适，可从下列现象判断：混凝土不再有显著下沉，气泡不再出现，表面呈水平并出现水泥浆，混凝土已将模板边角填满充实。在振动过程中，振动器不得靠近模板，也不要振动钢筋、预埋件，以免损伤机械或钢筋移位。

②平板式振动器是放置于被振动的混凝土面上，通过一定频率的振动，达到混凝土密实的效果。被振动的深度不超过 20cm，振动时间约为 30s 左右，见到构件表面振实后方可移动。振动器移动时相搭接长度应在 3～5cm，避免漏振。

2) 人工捣固

人工捣固混凝土法，现在较少使用。

5. 混凝土养护

（1）自然养护

混凝土浇筑完毕后，待其收水凝固（一般热天约为 4h，冬天约为 24h）就应进行湿治养护，使其强度不断增长。

对于混凝土的外露面，使用草包、麻袋或湿砂加以遮盖；对于木模板的外露面，及时浇水，使其经常湿润；当混凝土的外露面不便浇水时，可在表面涂铺防潮层，使混凝土内的水分不被蒸发散失；当气温低于 +5℃时不得浇水，但须做好覆盖、保温工作，待气温转暖后，应继续浇水；浇水时间，普通水泥为 7 天，矿渣水泥等为 14 天，最初三天及干燥气候尤要浇水，有抗渗要求或掺有附加剂的混凝土，应根据有关规定适当增长养护天数。

（2）塑料薄膜养护

塑料薄膜养护采取喷膜的方法，故也称喷膜养护。喷膜养护是将一定配合比的塑料溶液，用喷洒工具喷洒在混凝土表面，待溶液挥发后，留下的塑料在混凝土表面结成一层薄膜，使混凝土表面与空气隔绝，封闭混凝土中水分的蒸发，从而确保水泥水化作用的完成，达到养护的目的。

喷膜养护适用于不易浇水养护的高耸构筑物或大面积混凝土结构的养护。喷膜养护剂的配合比见表 4-11。

混凝土收水后，表面用手指按后无指印即可进行喷洒喷膜养护剂，施工温度应在 10℃ 以上。塑料养护膜在养护完成后一般能自行脱落，要做粉刷的混凝土表面上不宜于喷洒喷膜养护剂。

<table>
<tr><td colspan="7" align="center">喷膜养护剂配合比（重量比）　　　　　　表 4-11</td></tr>
<tr><td rowspan="3">序号</td><td rowspan="3">养护剂种类</td><td colspan="5" align="center">配　合　比（%）</td></tr>
<tr><td colspan="2" align="center">溶　剂</td><td rowspan="2">过氯化烯树脂</td><td rowspan="2">苯二甲酸二丁脂</td><td rowspan="2">丙　酮</td></tr>
<tr><td>粗　苯</td><td>溶剂油</td></tr>
<tr><td rowspan="2">1</td><td rowspan="2">过氯乙烯树脂</td><td>86</td><td>—</td><td>9.5</td><td>4</td><td>0.5</td></tr>
<tr><td>—</td><td>87.5</td><td>10</td><td>2.5</td><td>—</td></tr>
<tr><td>2</td><td>LP-37</td><td colspan="5">用水稀释，比例为 LP-37：水 = 1000：100～300；亦可加 10% 磷酸三钠中和，比例为 100：（100～300）：5；如需消泡，可加适量的磷酸三酸三脂</td></tr>
<tr><td>3</td><td>聚酿酸乙烯（即木工胶）</td><td colspan="5">用水稀释至能喷射即可，其用量为每平方米混凝土面积 0.6～1.0kg</td></tr>
</table>

（3）蒸汽养护

将浇捣成型的混凝土构件置于固定的养护坑内（或罩内），然后通以蒸汽，使混凝土在较高的温度和湿度的条件下迅速凝结、硬化，达到要求强度的养护方法称蒸汽养护。采用蒸汽养护可以不受气候的限制，加快模板的周转和施工进度。

6. 混凝土的质量要求

（1）混凝土配合比必须符合规定，性能必须符合设计，并根据工程要求对混凝土做抗压、抗折、抗冻、抗渗等试验。

（2）混凝土试验取样应在混凝土浇筑地点随机抽取，取样频率应符合下列规定：

1）每 100m³，且不超过 100m³ 的同配合比的混凝土取样次数不得少于一次；

2）每一工作班拌制的同配合比的混凝土不足 100m³ 时，其取样次数不得少于一次；

3）混凝土拌合厂按上述取样，运到施工现场后仍应按上述办法抽样试验。

（3）每组三个试件应在同拌混凝土中取样制作，其强度代表值的确定，应符合下列规定：

1）取三个试件强度的算术平均值作为每组试件的强度代表值；

2）当一组试件中强度的最大值或最小值与中间值之差超过中间值的15%，取中间值为该组试件的强度代表值；

3）当一组试件中强度的最大值与最小值之差超过中间值的15%时，该组试件的强度不作为评定的依据。

（4）混凝土强度评定方法可分为统计方法和非统计方法评定。混凝土抗压强度的检验应符合《混凝土强度检验评定标准》（GBJ107—1987）的规定。

（5）对重要结构均应用与构筑物相同条件养护28天的试件作试验，试验结果作为检查构筑物中混凝土强度增长是否正常发展的依据。

（6）施工需要时，应多做几组与构筑物相似条件的试件，为检查构筑物的拆模、起吊安装、张拉、放松和加荷等时的强度之用。

（7）现场浇筑水泥混凝土结构应符合《市政排水管渠工程质量验收评定标准》（CJJ3—1990）第六节的规定。

五、下水道施工测量

（一）水准仪和水准测量

1. 水准测量的基本原理

水准测量的基本原理是利用水平视线来测定地面各点之间的高差，然后根据已知点的高程推算其他各点的高程，如图 5-1 所示。

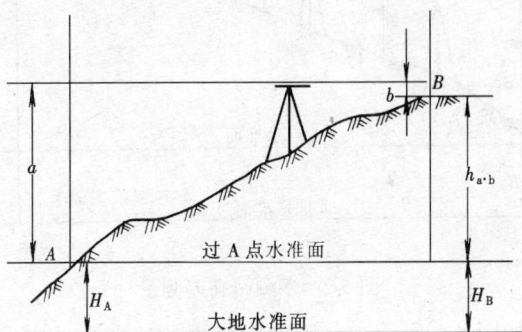

图 5-1　高差测量

在地面 A、B 两点上分别竖一水准尺，在 A、B 两点间安置水准仪。当整置仪器使水准管气泡居中时，望远镜的视线成水平，用望远镜分别照准 A、B，读得 A、B 两点尺上的读数为 a 和 b，则 A 到 B 的高差为：

$$h_{ab} = a - b \qquad (5-1)$$

如果已知 A 点高程 H_A，则 B 点高程

$$H_B = H_A + h_{ab} \qquad (5-2)$$

已知高程点的读数 a 称为后视读数，待求高程点的读数 b 称为前视读数，这样安置一次仪器，称为一个测站。水准仪的视线高度称视线高，相互间的关系为：

$$高差 = 后视读数 - 前视读数 \qquad (5-3)$$
$$仪高 = 已知高程 + 后视读数 \qquad (5-4)$$
$$前视高程 = 仪高 - 前视读数 \qquad (5-5)$$

如果 A、B 相距很远或高差很大，无法一次测定，需在 A、B 两点间增设传递高程的立尺点（接转点），将高差分成若干测

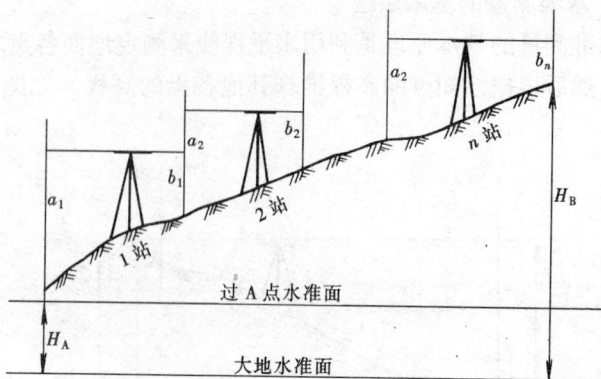

图 5-2　多测站高差测量

站测定，如图 5-2 所示，分别求出各测站的高差。

$$h_1 = a_1 - b_1; h_2 = a_2 - b_2; \cdots\cdots h_n = a_n - b_n;$$

$$h_{AB} = h_1 + h_2 + \cdots\cdots + h_n = \sum_{i=1}^{n}(a_i - b_i) = \sum_{i=1}^{n}a_i - \sum_{i=1}^{n}b_i$$

$$(5-6)$$

2. 水准仪及其使用

（1）水准仪的构造

用于水准测量的仪器为水准仪，按其精度分，有 DS_{05}、DS_1、DS_3、DS_{10}、和 DS_{20} 等不同精度的仪器。水准仪主要由望远镜、水准器和基座等部分构成。它是安置在三脚架上进行观测的。工

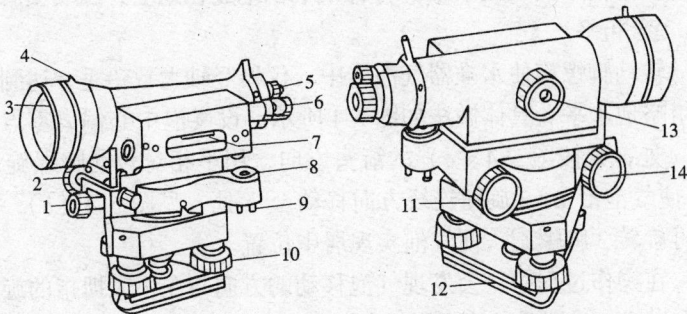

图 5-3　水准仪

1—制动旋钮；2、14—微动旋钮；3—物镜；4—准星；5—目镜；6—符合水准器
放大镜；7—水准管；8—圆水准器；9—圆水准器校正旋钮；10—脚旋钮；11—微
倾旋钮；12—三角形地板；13—对光旋钮

程测量一般使用 DS_3 级水准仪（图 5-3）。

　　工程中也有用精密水准仪（如 DS_1 级水准仪）和自动安平水准仪。精密水准仪水准管分划值较小（一般为 $10''/2mm$）、望远镜放大率不小于 40 倍的精密度，但它必须配备精密水准尺。自动安平水准仪利用自动安平补偿器代替水准管，观测时能自动获得水平视线的读数。因此使用这两种仪器可加快水准测量速度和提高测量的精度。

　　（2）水准仪的使用

　　1）安置仪器

　　①松开三脚架架脚的固紧旋钮；

　　②根据观测者的身高，调节架脚的长度，再将旋钮适度拧紧后张开三脚架；

　　③从箱中取出水准仪，一手护住仪器，一手将连接旋钮适度地拧紧，将仪器安置在脚架上。

　　④检查并旋转各脚旋，使其置于螺纹中央部位，以便粗略整平；

　　⑤将两条架脚踩稳在地，用手握住另一条架脚，调整其所处

位置，目估架头大致水平，将脚架平稳地放在地上，踩实架脚。

2）粗平

转动脚螺旋使水准器气泡居中，仪器竖轴大致铅垂，达到视线粗略地水平。具体做法如图5-4所示。设气泡中心偏离零点位置 a 处，先按图5-4（a）的箭头方向，用手相对转动脚螺旋1、2，使气泡沿1、2旋钮连线方向移动至 b 处，见图5-4（b），而后再旋转3脚螺旋，使气泡实现居中位置。

在操作过程中，会发现气泡移动的方向与左手大拇指的旋转方向一致，这就称左手拇指规则。

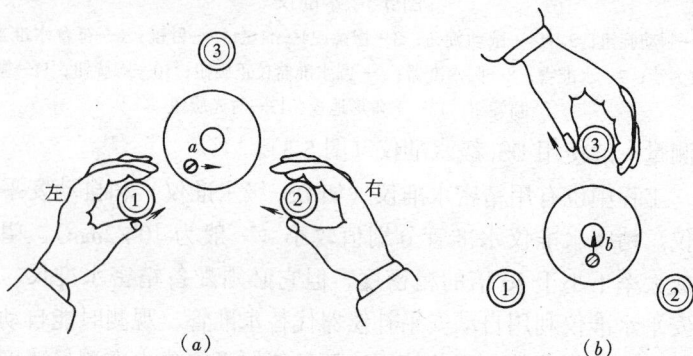

图5-4　圆水准器调整

3）瞄准水准尺

①目镜对光

在望远镜瞄准目标前，必须先将十字丝调至清晰。

将望远镜对向明亮背景或目标点，转动目镜对光旋钮，使十字丝清晰。

②概略瞄准

松开制动旋钮，转动望远镜，利用望远镜上部的准星、缺口、目标三点一线瞄准水准尺，然后拧紧制动旋钮。

③物镜对光和精确瞄准

112

转动物镜对光旋钮，使水准尺成像清晰，再转动微动旋钮使水准尺影像中心位于视场中央。

④消除视差

物镜对光后，眼睛在目镜端上下微微地移动，若发现十字丝和水准尺影像有相对运动现象，称为视差，如图5-5所示。这是水准尺的成像没有落在十字丝分划板平面上的缘故。要消除此视差，只有再仔细地重复调节物镜对光旋钮和目镜对光旋钮，直至视差消除。

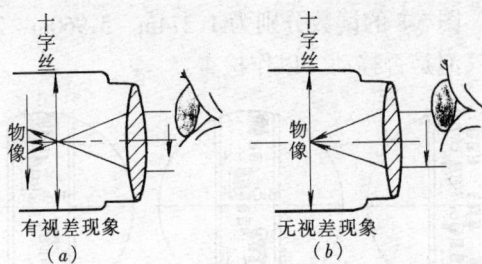

图 5-5　视差现象

（a）有视差现象；（b）无视差现象

4）精确整平

在瞄准水准尺后，不能马上读数，只有做好长水准器的气泡居中精平工作后，才能进行读数。因此，切记每次读数之前必须转动微倾旋钮，使符合水准器的气泡两个半边影像符合，见图5-6。此时，水准管气泡居中，视线就达到精确水平了。微倾旋钮的转动方向与气泡影像符合移动关系见图5-7所示。

5）读数

气泡符合后，立即用十字丝横丝在水准尺上读数。由于望远镜中看到的水准尺是倒像。所以读数时，尺上数字应从上往下、从小到大读取。直接读出米、分米、厘米，并

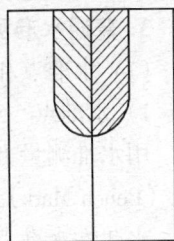

图 5-6　长水准器的气泡居中

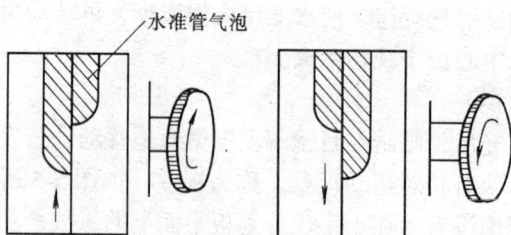

图 5-7 长水准器的调整

估读到毫米。图 5-8 的读数分别为 1.274m、5.960m、2.534m。读数后再视长气泡是否移动，以作检查。

图 5-8 水准尺读数

精平与读数是两项不同的操作步骤，但在水准测量的实施过程中，常把这两项操作视为一整体。即一边观察气泡，一边观测读数，当气泡符合后立即读数。只有这样才能准确地读得视准轴水平时的尺上读数。

3. 普通水准测量

（1）水准点和水准路线

1）水准点

用水准测量方法测定的高程控制点，称为水准点，简记为 BM（Bench Mark）。水准点有永久性和临时性两种。

永久性水准点的标石一般用混凝土预制而成，顶面嵌入半球形标志，如图 5-9（a）所示，表示该水准点的点位。永久性水准点也可用金属标志埋设于基础稳固的建筑物某部位，或直接用固定的地物来代替。

临时性水准点除可选地面上突出的坚硬岩石或直接用固定的地物来代替，如台阶等作为标志外，也可用大木桩打入地下，桩顶钉一半球形金属钉，作为水准点的标志，如图5-9（b）所示。

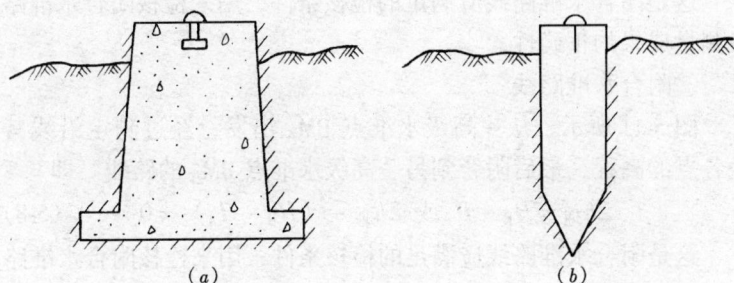

图5-9 水准点

2）水准路线

在水准测量中，每个测站虽然用变动仪器高度法或双面尺法进行测站检核。但是，有些误差测站检核是检查不出来的，例如施测过程中立尺点位置的移动。此外，尺子下沉、倾斜所引起的误差、仪器的误差和外界条件的影响等，它在一个测站上反映不明显，累积起来就有可能超过规定的限差。因此，还必须对水准测量进行成果检核。成果检核的方法，随水准路线布设形式的不同而有差异。水准路线布设主要有以下几种类型：

①闭合水准路线

如图5-10，从一个已知高程的水准点 BM$_A$ 出发，沿一条环

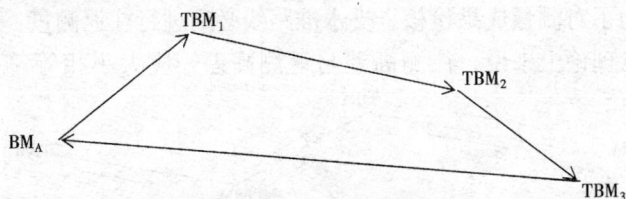

图5-10 闭合水准路线

形路线进行水准测量，测定线沿若干水准点的高程，最后又回到水准点 BM_A，称为闭合水准路线。闭合水准路线各段高差的代数和应等于零，即

$$\Sigma h_{理} = 0 \qquad\qquad (5\text{-}7)$$

这是闭合水准路线应满足的检核条件，用来检核闭合水准路线测量成果的正确性。

②附合水准路线

图 5-11 所示，从一高级水准点 BM_A 出发，经过测定沿线其他各点的高程，最后附合到另一高级水准点 BM_B 的路线。即

$$\Sigma h_{理} = H_B - H_A\ 或\ \Sigma h_{理} - (H_B - H_A) = 0 \qquad (5\text{-}8)$$

这是附合水准路线应满足的检核条件，用来检核附合水准路线测量成果的正确性。

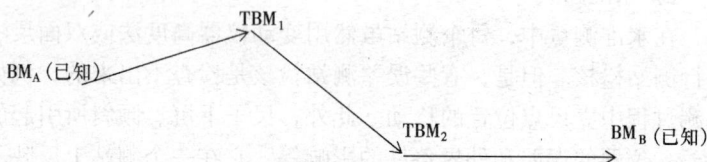

图 5-11　附合水准路线

③支水准路线

图 5-12 所示，从一个已知高程点 BM_A 出发，沿一条路线测定另外一些水准点的高程，路线既不闭合又不附合，称支水准线。为了对测量成果检核，支水准路线必须进行往返测量。

从理论上来说，往测高差与返测高差，应大小相等符号相

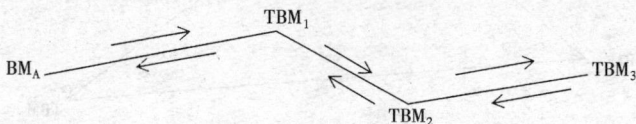

图 5-12　支水准路线

116

反，即

$$\Sigma h_{往理} = -\Sigma h_{返理} 或 \Sigma h_{往理} + \Sigma h_{返理} = 0 \qquad (5\text{-}9)$$

这是支水准路线应满足的检核条件，用来检核支水准路线测量成果的正确性。

（2）水准测量的方法和记录

1）水准测量的方法

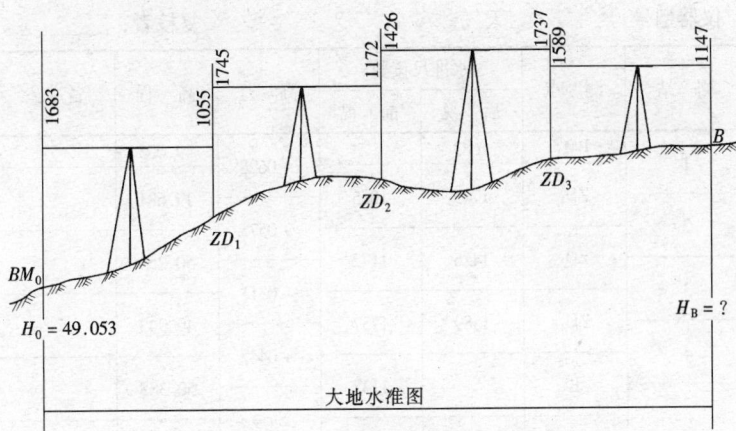

图 5-13　两点高差示意图

①确定第一测站的前、后视点（放置尺垫或利用较稳固的实地点），用于水准尺的竖立，一般第一测站的后视设在已知高程的水准点上；

②将水准仪置于施测路线附近合适的位置，大致离前、后视相等距离处；

③仪器整平后，瞄准后视标尺，用微倾螺丝将水准管气泡居中，用中丝读后视读数，记录员记录读数；

④转动望远镜瞄准前视标尺，将水准管气泡居中，用中丝读前视读数，记录员记录读数，并立即计算高差，结束第一测站工作；

⑤重复第一测站工作程序进行第二测站的工作，此时的前视

点即为第一测站的后视点，不断继续，直至所有测站完成。如图5-13所示。

2）水准测量的记录

采用如表5-1水准测量手簿中的记录表格进行记录和计算。

水 准 测 量 手 簿

表 5-1

工程名称： 日期： 观测者：_____

仪器型号： 天气： 复核者：_____

测站	测点	水准尺读数		高差	高程	备注
		后视	前视			
1	BM_0	1683		+0628	49.053	
	ZD_1	1745	1055		49.681	
2				+0573		
	ZD_2	1426	1172		50.254	
3				−0311		
	ZD_3	1589	1737		49.943	
4				+0442		
	B		1147		50.385	
				$\Sigma h =$	−49.053	
	Σ	6443	5111	+1332	+1332	
$\Sigma a - \Sigma b$	+1332					

（3）水准测量的精度、内业计算和调整

1）水准测量的精度

根据公式（5-6）核算，表5-1中的计算结果为 +1332，说明计算无错误，但测量成果准确性不反映。这要由测量精度来衡量。

测量规范中对不同作业内容制定了相应的精度规定，并根据工程要求的精度，规定了允许误差，用 f_h 表示。通常 f_h 为高差闭合差。例如四等水准测量一条水准路线，往返测的误差不得超过 $\pm 20 \sqrt{L}$ （mm），测量观测结果的误差小于该允许误差，则精度合格；大于允许误差，成果不能用，应查明原因，进行重测。

2）内业计算和调整

水准测量外业工作结束后，应全面检查外业测量记录，计算各点间的高差。经检核无误，才能按高差闭合差的值作误差评定，进行数据的计算和调整，最后取得各点的高程。这些工作，统称为水准测量的内业。

①附合水准路线闭合差的计算和调整

某地区拟建下水道工程，两端各设一个永久水准点，如图 5-14 所示，A 点水准点的高程为 56.345m，B 点为 59.039m。各测段的高差分别为 $h_1 = + 2.785$m，$h_2 = - 4.369$m，$h_3 = + 1.980$m 和 $h_4 = + 2.345$m。

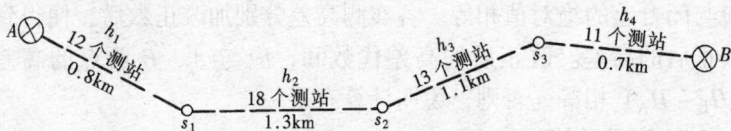

图 5-14 附合水准线路举例

根据式（5-8），各段高差之和应等于 A、B 两点的高差，即

$$\Sigma h_{理} = H_B - H_A = 59.039 - 56.345 = + 2.694\text{m}$$

实际上，由于测量工作中误差，存在高差闭合差使上式不等。

$$\Sigma h_{测} = h_1 + h_2 + h_3 + h_4 = + 2.741\text{m}$$

$$f_h = \Sigma h_{测} - (H_B - H_A) = 2.741 - 2.694 = + 0.047\text{m}$$

闭合差可用来衡量成果的精度，高级公路和大、中型下水道水准测量的工程高差闭合差容许值分别为

$$f_{h容} = \pm 10 \sqrt{L}(\text{m}) \text{ 或 } f_{h容} = \pm 25 \sqrt{n}(\text{m}) \qquad (5\text{-}10)$$

式中 L——水准路线长度（km）；

n——测站数。

若闭合差不超过容许值，说明观测精度符合要求，就可进行闭合差的调整。以图 5-14 为例说明之。

A. 计算

由上所得 $f_h = +0.047m$

而 $f_{h容} = \pm 10 \sqrt{L} = \pm 10 \sqrt{3.9} = 19.78mm$

$|f_h| < |f_{h容}|$，其精度符合要求。

B. 调整

在同一条水准路线上，假设观测条件是相同的，故闭合差的调整按与距离成正比例反符号分配的原则进行。本例中，$L = 3.9km$，则 1km 的改正数为

$$\frac{-f_h}{\Sigma km} = \frac{-47}{3.9}mm = -12mm$$

各测段的改正数，按各段公里数计算，改正数总和的绝对值应与闭合差的绝对值相等。各实测高差分别加改正数后，便得到改正后的高差。改正后的高差代数和，应与 A、B 两点的高差（$H_B - H_A$）相等，否则，说明计算有误。

C. 高程计算

根据检核改正后的高差，由起始点 A 开始，逐点推算出各点的高程，算得的 B 点高程应与已知的 H_B 相等，否则说明高程计算有误。

②闭合水准路线闭合差的计算和调整

闭合路线各段高差的代数和应等于零，即 $\Sigma h = 0$

由于存在着测量误差，必然产生高差闭合差 $f_h = \Sigma h$

闭合路线高差闭合差的调整方法、容许值的大小，均与附合水准路线相同。

（二）经纬仪和角度测量

1. 水平角测量原理

所谓水平角，就是相交的两条直线之间的夹角在水平面上的投影。如图 5-15 所示，地面上一点（B 点）到两目标的方向线（BA、BC）之间的水平角就是通过该两方向线所作竖直面的两面角。

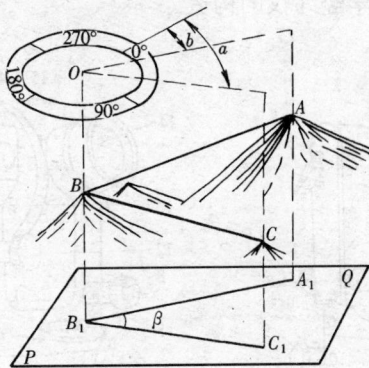

图 5-15　水平角测量原理图

　　为了测出水平角的大小，可在此两面角的交线上任一高度的 O 点处，水平地放置带有刻度的圆盘（图 5-15）。通过 BA 和 BC 各作一竖直面，在该度盘上截得的读数为 b 和 a，从而求得的水平角度为 β = 右目标读数 a - 左目标读数 b，如 $a < b$，则 $\beta = a + 360° - b$。水平角没有负值。

　　从上所述，用于测量水平角的仪器，必须具备一个水平度盘，并设有能在该刻度盘上进行读数的指标；为了瞄准不同高度的目标，经纬仪的望远镜不仅能在水平面内转动，而且能在竖直面内旋转，构成一个竖直面。固定一个和竖直面平行的竖直度盘，进行对竖直角的测定。所谓竖直角，就是同一竖直面倾斜视线和水平视线之间的夹角。倾斜视线在水平视线之上的竖直角称为仰角，其符号为"+"号，同理，倾斜视线在水平视线之下的称为俯角，其符号为"-"号。经纬仪就是根据以上要求设计的一种测角仪器。

2. 光学经纬仪

　　经纬仪有光学经纬仪、游标经纬仪和电子经纬仪三大类型。光学经纬仪按其精度分，有 DJ_{07}、DJ_1、DJ_2、DJ_6、DJ_{15} 等不同精度的仪器。

（1）DJ$_6$级光学经纬仪的构造

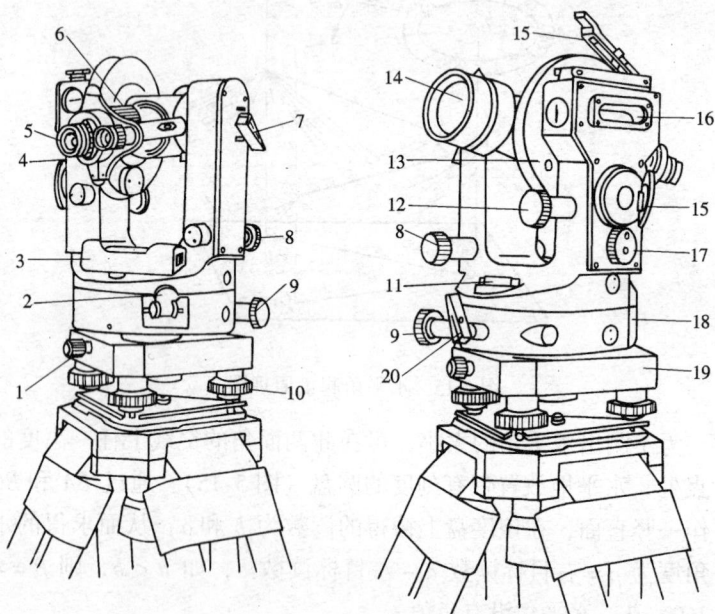

图 5-16　DJ$_6$级经纬仪构造

1—轴座固定旋钮；2—复测扳钮；3—水平盘水准管；4—读数显微镜；5—目镜；6—对光旋钮；7—望远镜制动扳钮；8—望远镜微动旋钮；9—水平微动旋钮；10—脚旋钮；11—圆水准器；12—竖盘水准管微动旋钮；13—竖直度盘；14—物镜；15—反光镜；16—竖盘水准管；17—测微轮；18—水平度盘；19—基座；20—水平制动扳钮

　　各种 DJ$_6$级光学经纬仪的构造主要由基座、水平度盘和照准部三部分组成，如图 5-16 所示。

　　1）基座（图 5-17（a））

　　基座用来支撑整个仪器，并通过中心旋钮将经纬仪固定在三脚架上。基座上有三个脚旋钮，用来整平仪器。

　　基座上有轴套，仪器竖轴轴套插入基座轴套后，拧紧轴座固定旋钮，可使仪器固定在基座上。使用仪器时，切勿松开轴座固

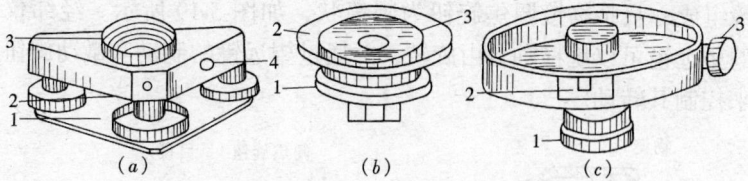

图 5-17 基座、水平度盘、轴套示意图

(a)

1—连接板；2—脚旋钮；3—轴套；4—轴座固定螺钉；

(b)

1—金属圆盘；2—水平度盘；3—度盘轴套

(c)

1—度盘空心轴；2—复测扳钮；3—水平微动旋钮

定旋钮，以免照准部与基座分离而摔坏仪器。

2）水平度盘，见图 5-17（b）。

水平度盘是用光学玻璃制成的圆环，环上刻有 0～360°顺时针注记的分划线，相邻分划线之间的格值为 1°或 30′。

度盘轴套插入竖轴轴套，见图 5-17（c），可绕竖轴轴套旋转。

3）照准部

照准部是仪器上部转动部分的总称。如图 5-18 所示，它的旋转轴插在水平度盘轴套内旋转，其几何中心线称为竖轴。

望远镜是照准部的主要部件之一。它的构造与水准仪的望远镜基本相同，主要由物镜、目镜、十字丝分划板和调焦透

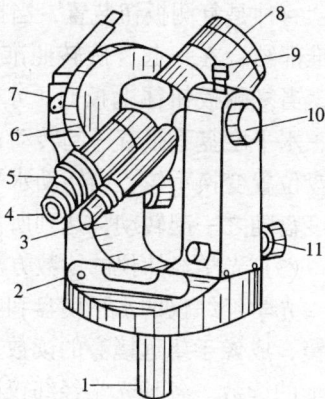

图 5-18　照准部构造

1—旋转轴；2—照准部水准管；3—读数显微镜；4—目镜；5—物镜调焦旋钮；6—竖直度盘；7—竖盘水准管；8—望远镜；9—制动板钮；10—测微轮；11—微动旋钮

123

镜组成，只是物镜调焦旋钮为圆筒状，如图 5-19 所示。经纬仪的望远镜可以绕横轴自由旋转，并通过望远镜的制动和微动旋钮来控制其转动。

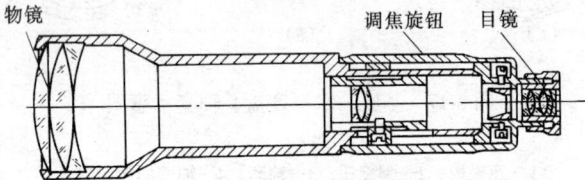

图 5-19　望远镜构造

照准部水平方向的转动，通过照准部制动扳钮和照准部微动旋来控制。

经纬仪上安装有控制水平度盘转动的装置，目的是当瞄准某一方向后水平度盘能转到所需的读数位置上。常用的装置有两种：一种是复测扳钮装置，当把复测扳钮往下扳时，水平度盘与照准部结合在一起，旋转照准部时，水平度盘与照准部一起转动，当复测扳钮往上扳时，水平度盘与照准部分离，转动照准部，水平度盘不跟着一起转动；另一种是有些仪器上安装的水平度盘位置变换手轮，当转动水平度盘位置变换手轮时，可带动水平度盘随之一起转动，达到所需读数。

（3）光学经纬仪的读数方法

光学经纬仪的水平度盘和竖直度盘分划线通过一系列棱镜和透镜，成像于望远镜旁的读数显微镜内，观测者用显微镜读取度盘上的读数。各种光学经纬仪因读数设备不同，读数方法也不一样。

1）测微尺读数装置及其读数法

如图 5-20，测微尺读数光路图。在读数显微镜中可以看到两个读数窗，图 5-21，注有"H"（或"水平"）的是水平度盘读数窗；注有"V"（或"竖直"）的是竖直度盘读数窗。每个读数窗上刻有分成 60 小格的测微尺，其长度等于度盘间隔 1°的两分划线之间的影像宽度，因此测微尺上一格的分划值为 1′，可估读到 0.1′。测微尺上的零刻划线为读取度盘读数的指标线。

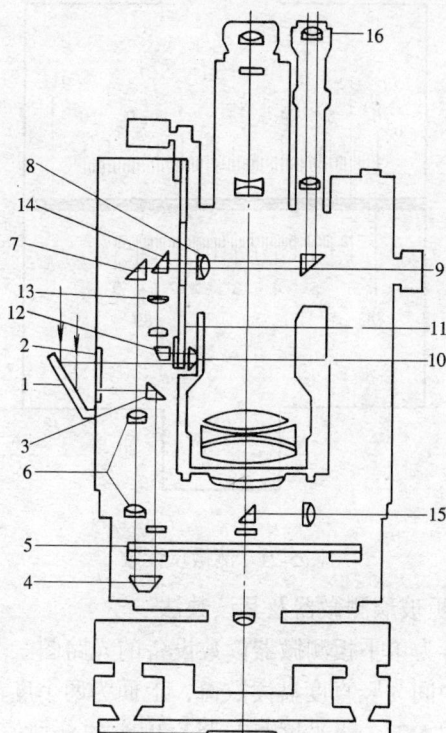

图 5-20 测微尺读数光路图

1—反光镜；2—进光窗；3—光路棱镜；4—转向棱镜；5—水平度盘；6—透镜组；7、9、12、14—棱镜；8—读数窗物镜；10—转向棱镜；11—竖盘；12—透镜；15—归心对点光路；16—读数显微镜

读数时，先调节读数显微镜目镜，使能清晰地看到读数窗内度盘的影像。然后读出位于测微尺中的度盘分划线的注记度数，再以度盘分划线为指标，在测微尺上读取不足度盘分划值的分数，并估读秒数，二者相加即得度盘读数。图 5-21 中，水平度盘读数为 112°54′00″，竖直盘读数为 89°06′18″。

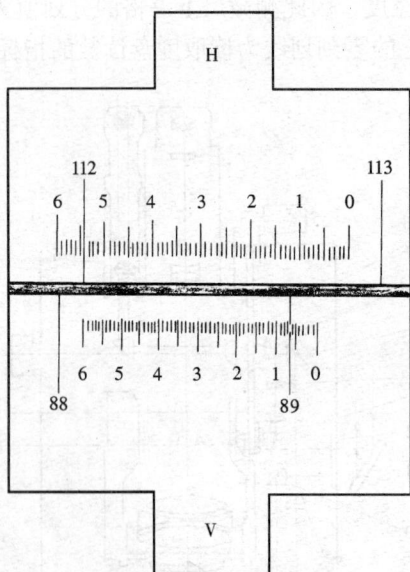

图 5-21　测微尺读数

2）单平板玻璃测微器及其读数法

图 5-22，为单平板测微器读数设备的光路图。下面为水平度盘读数窗，中间为竖直度盘读数窗，上面为两个度盘合用的测微尺读数窗。图 5-23，水平度盘与竖直度盘的分划值为 30′，测微尺共分为 30 大格，一大格又分为三个小格。当度盘分划线影像移动 30′ 间隔时，测微尺转动 30 大格，因此测微尺上每大格为 1′，每小格为 20″。

读数时，先要转动测微轮，使度盘分划线精确地移动到双指标线的中间。然后读出该分划线的读数，再利用测微尺上的单指标线读出分数和秒数，二者相加即得度盘读数。

图 5-23 a 中水平度盘读数为 29°23′20″，图 5-23（b）中竖直度盘读数为 117°02′10″。单平板玻璃测微原理图 5-24。

3）符合读数装置

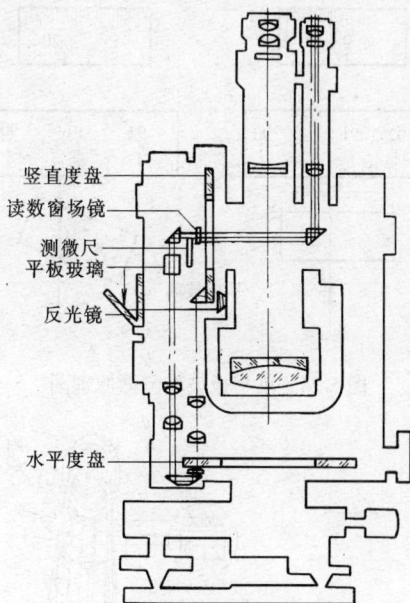

图 5-22　单平板玻璃读数光路

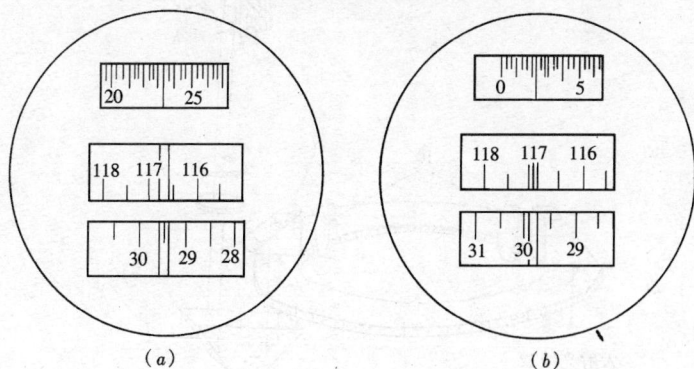

（a）　　　　　　　　　（b）

图 5-23　平板玻璃读数

DJ$_2$ 级经纬仪一般采用符合读数装置，图 5-25 为光路图。图

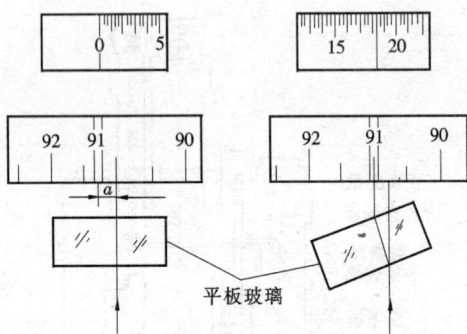

图 5-24 单平板玻璃测微原理图

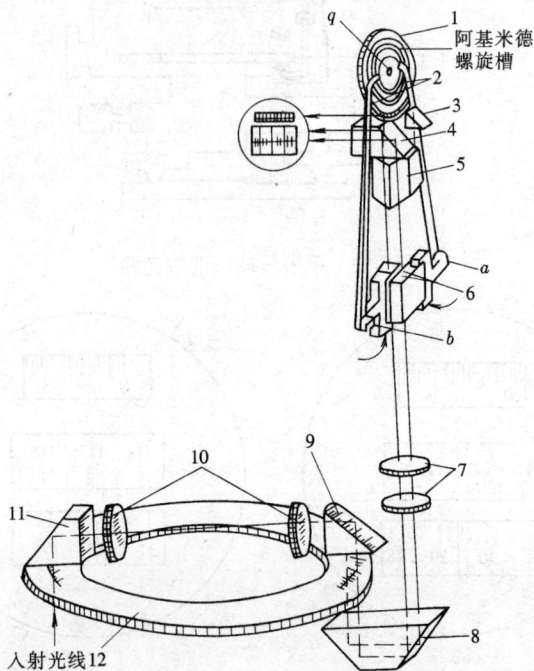

图 5-25 符合读数光路图

1—秒盘；2—杠杆；3—棱镜；4—读数窗棱镜；5—合像棱镜；
6—双平板玻璃；7—物镜组；8—转像棱镜；9、10、11—转像系
统；12—水平度盘

128

5-26 为其读数显微镜中所看到的影像。大读数窗为度盘读数窗，小读数窗为测微尺读数窗。

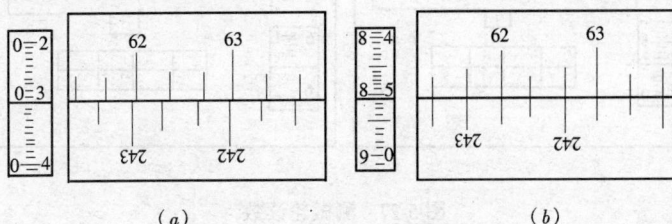

图 5-26　符合读数

这种读数装置，正字注记的像称为主像，倒字注记像称为副像，度盘分划值为 20′。

小读数窗中间的横线为测微尺读数指标线，测微尺左侧注记数字为分，右侧注记数字为秒，可直接读到 1″。

读数时先转动测微轮，这时在读数显微镜中可以看到度盘上、下两部分影像作相对移动，直至主、副像分划线精确地重合，如图 5-26，然后找出主像在左，副像在右，且度数相差 180°的一对度盘分划线，按主像读出度数，并数出这两条相差 180°的分划线之间的格数，将此格数乘上度盘分划值的一半（10′），即得到应读的整 10′数。最后，在小读数窗中，利用横指标线读取不足 10′的分、秒数。三者相加即为全部读数。如图 5-26（a）为读数前状态，转动测微轮则 5-26（b）的读数为：

度盘的度数 62°

度盘的整 10 数 2 × 10′ = 20′ 测微尺的分、秒数 8′51″

全部读数 62°28′51″

为了简化读数，目前生产的 DJ₂ 级光学经纬仪有的采用了数字化读数装置。如图 5-27，上部读数窗中数字为度数，读数窗下突出小方框中所注数字为整 10′数，左下方为测微尺读数窗。

读数时先转动测微轮，使读数窗中的主、副像分划线重合。然后在上部读数窗中读出左方或中央的度数，在小方框中读出整

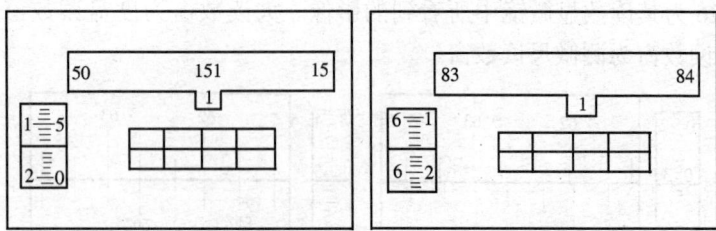

图 5-27　测微轮读数

10′数，在测微尺读数窗内读出分、秒数。

图 5-27 a 中读数为 151°11′54″，图 5-27（b）中读数为 83°16′16″。

3.水平角的观测

（1）经纬仪的安置

经纬仪安置主要包括对中、整平、照准和读数四项工作。

1）对中

对中的目的是使仪器中心与测站点的中心位于同一铅垂线上。其操作步骤如下：

①安置三脚架，使架头中心粗略对准测站点的标志中心，调节脚架腿，使其高度适宜，并通过目估使架头大致水平（如图 5-28）。

②安上仪器，旋紧中心旋钮，挂上锤球，如果锤球尖离标志中心较远，则须将三脚架作等距离平移，或者固定一脚移动另外两脚，使锤球尖大致对准地面小钉中心，误差在 2mm 以内，然后将脚架尖踩入土中（如图 5-29）。

③略微旋松中心旋钮，在架头上移动仪器，使锤球尖精确对准标志中心。如欲精确对中，可

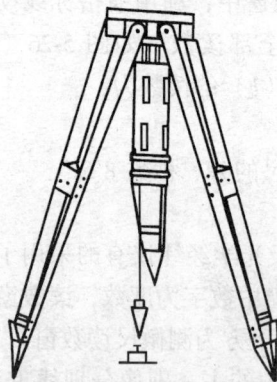

图 5-28　安置三脚架

130

利用光学对点器进行（如图 5-30）。最后再旋紧中心旋钮。

2）整平

整平的目的是使仪器的竖轴竖直，水平度盘处于水平位置，其操作步骤如下：

①使照准部水准管平行于任意两个脚旋钮的连线方向，如图 5-31（a）。

②两手同时向内或向外旋转这两个脚旋钮，使气泡居中（气泡移动的方向和转动脚旋钮时左手大拇指运动方向相同）。

图 5-29　安置经纬仪

③将照准部水准管转 90°，再用第三个脚旋钮使气泡居中，如图 5-31（b）。

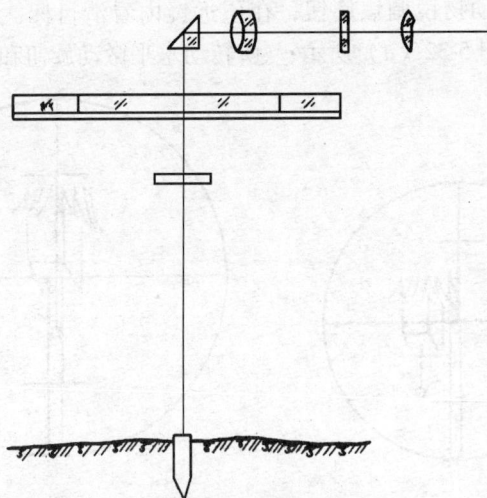

图 5-30　光学对中

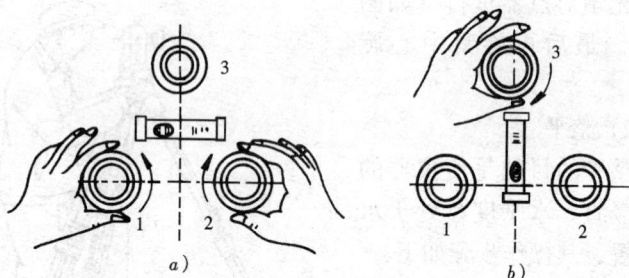

图 5-31 调平

按上述步骤反复进行，直至水准管在任何位置，气泡偏离中央不超过半格为止。

3）照准

照准就是用望远镜的十字丝交点去精确对准目标：其操作顺序是：① 先松开仪器水平制动旋钮和望远镜制动旋钮，将望远镜对向明亮背景，转动目镜调焦旋钮，使十字丝最为清晰；② 沿准星和照门对准目标，然后拧紧水平制动扳钮及望远镜制动扳钮；③ 转动物镜调焦旋钮，在望远镜内看清目标，并注意消除视差，如图 5-32（a）所示；④ 转动水平微动旋钮和望远镜微动

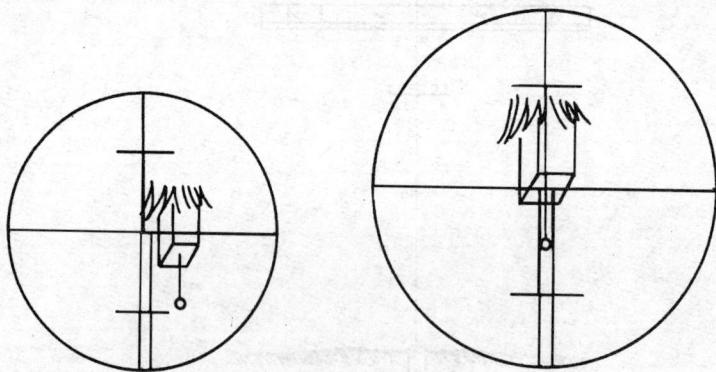

图 5-32 照准示意图
（a）未照准；（b）照准

132

旋钮，使十字丝的交点和双纵丝精确对准和夹住目标，如图 5-32 (b) 所示。

4）读数

打开反光镜，转动读数显微镜调焦旋钮，使读数分划清晰，根据仪器的读数设备进行读数。

（2）水平角观测方法

1）测回法

测回法适用于观测两个方向之间的单角。如图 5-33 所示，设采用测回法观测水平角∠MON，按下列步骤进行：

①测站点 O 安置经纬仪，对中和整平。

②将仪器置于盘左位置（竖盘在望远镜的左侧，也称正镜）转动照准部，利用望远镜瞄准器大致瞄准目标 M，制动照准部。用照准部微动旋钮使十字丝的竖丝准确地对准目标，读取水平度盘读数 $M_左$，设读数为 0°01′30″。

③松开照准部制动旋钮，顺时针转动，瞄准 N 点，制动照准部，读取水平度盘读数 $n_左$，设读数为 68°07′12″。角值为：

$$\beta_左 = n_左 - m_左 = 68°07′12″ - 0°01′30″ = 68°05′42″$$

到此，完成了上半测回的观测工作。

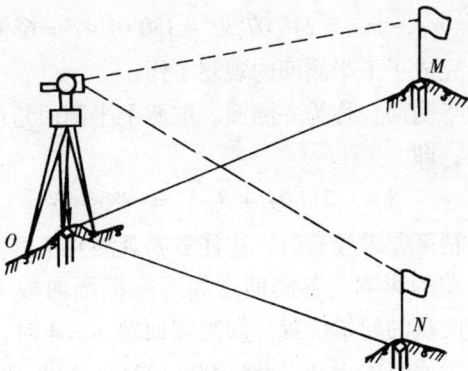

图 5-33 正镜测水平角

④松开照准部制动扳钮，倒转望远镜；由盘左位置变成盘右位置（竖盘在望远镜的右侧，也称倒镜），瞄准 N 点，读取水平度盘读数 $n_右$；设为 248°07′30″，如图 5-34 所示。

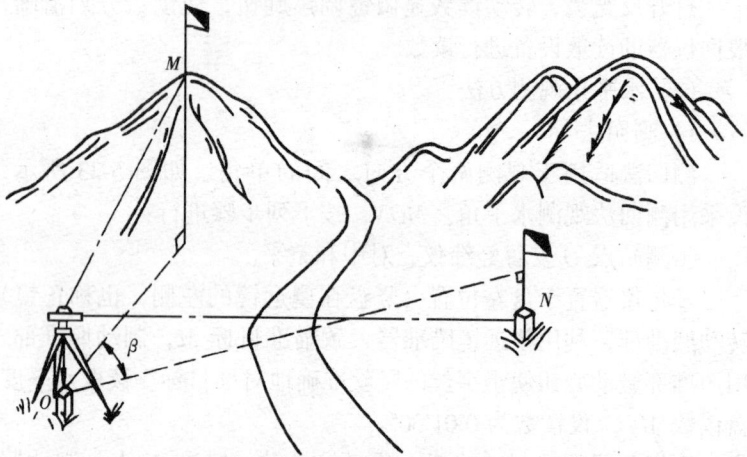

图 5-34　倒镜测水平角

⑤逆时针转动照准部，瞄准 M 点，读取读数 $m_右$，设为180°01′42″。角值为

$$\beta_右 = n_右 - m_右 = 248°07′30″ - 180°01′42″ = 68°05′48″$$

到此，完成了下半测回的观测工作。

上、下半测回合称为一测回。取两个半测回角值的平均值为一测回角值，即

$$\beta = 1/2（\beta_左 + \beta_右）= 68°05′45″$$

当测角精度要求较高时，往往需要观测几个测回。为了减小度盘分划误差的影响，各测回之间要根据测回数 n，以 $180°/n$ 的差值变换度盘的起始位置。如当测回数 $n = 4$ 时，各测回的起始方向应等于或略大于 0°、45°、90°、135°，如图 5-35 所示。

2）方向观测法

在一个测站上，当观测方向多于三个以上时（见图 5-36），

图 5-35　测回法测水平角

常采用方向观测法。其观测
步骤如下：

①将仪器安置于 O 点，
以盘左位置瞄准起始方向
A，读取水平度盘读数 a，
设为 $0°01'12''$。

②松开水平制动扳钮，
顺时针方向转动照准部，依
次瞄准目标 B、C、D 分别
读取读数 b（$96°53'06''$）、c
（$143°32'48''$）、d（$214°06'$
$12''$）。

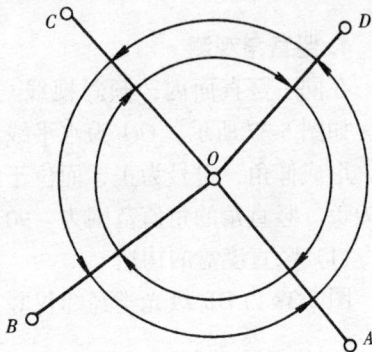

图 5-36　方向观测法测水平角

③继续顺时针转动照准部，再次瞄准起始方向 A，并读取读
数 a'，设为 $0°01'24''$，这一步工作称为"归零"。a' 与 a 之差称
为"半测回归零差"。归零差不能超过（DJ_2）$12''$ ~（DJ_6）$18''$，
否则应予重测。

到此，完成了上半测回的观测工作。

④倒转望远镜成盘右位置，从起始方向 A 开始，逆时针转

135

动照准部，依次瞄准 A、D、C、B、A 各方向。

到此，完成了下半测回的观测工作，上、下半测回合起来为一个测回。如需观测 n 个测回，则各测回仍按 $180°/n$ 变动水平度盘的起始位置。

方向观测法的几项计算如下：

A. 计算各方向平均读数

平均读数 = 1/2 [盘左读数 + （盘右读数 ± 180°）]

由于起始方向 OA 有两个平均方向值，故应再取其平均值，作为该测回起始方向 0A 的平均值。

B. 计算水平角值 将相邻方向值相减，即可求得该两方向之间所夹的水平角值。

以上各项计算结果，如超过规范规定的限差要求，则应予重测。

4. 竖直角观测

在同一竖直面内，倾斜视线与水平线之间的夹角称为竖直角。如图 5-37 所示，OO' 为水平线。当倾斜视线位于水平线以上时，形成仰角，符号为正，而位于水平线以下时，则为俯角，符号为负。竖直角的角值范围为 $-90° \sim 90°$。

（1）竖直度盘的构造

图 5-38 为 DJ_6 级光学经纬仪竖直度盘结构示意图。主要部件

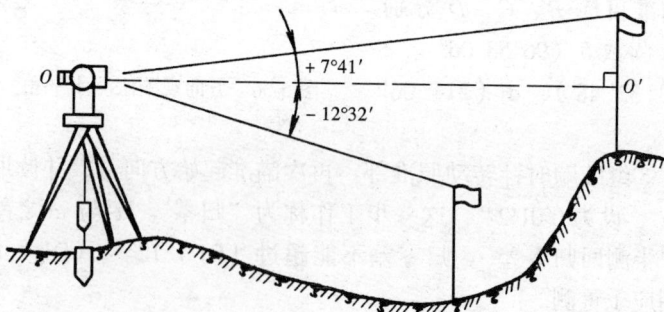

图 5-37　测竖直角

包括竖盘、竖盘指标、竖盘指标水准管和竖盘指标水准管微动旋钮。

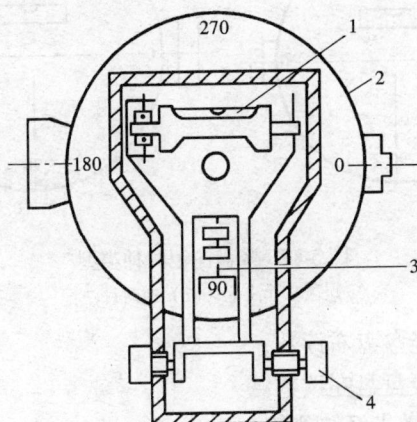

图 5-38 竖直度盘结构示意图

1—竖盘指标水准管；2—竖盘；3—读数指标；4—竖盘指标水准管微动旋钮

竖盘固定在望远镜旋转轴的一侧，当望远镜在竖直面内上、下转动时，竖盘也随之转动，而用来读取竖盘读数的指标并不转动。

竖盘指标与竖盘指标水准管联结在一个微动架上，转动竖盘指标水准管微动旋钮，可使指标在竖直面内作微小移动。当竖盘水准管气泡居中时，指标就处于正确位置。

光学经纬仪的竖盘是一个玻璃圆环，有顺时针，见图 5-39（a）和逆时针，见图 5-39（b），注记两种类型。

（2）竖直角的测量

为检核测量成果的质量，消除竖盘指标差和其他的仪器误差的影响，防止错误，测量竖直角时，用盘左、盘右各观测一次，通过取其平均值获得最终结果。即

$$\alpha = \frac{1}{2} \times (R - L - 180°) \tag{5-11}$$

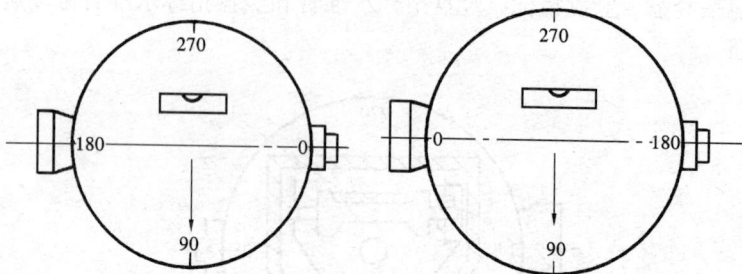

图 5-39　竖盘注记两种类型

（a）顺时针注记；（b）逆时针注记

式中　　R——竖盘盘右读数；

　　　　L——竖盘盘左读数。

5. 电子、激光经纬仪简介

（1）电子经纬仪

电子经纬仪的测角原理目前主要有编码法、增量法和动态法。采用动态测角的系统是一种较好的测角系统。瑞士 wild 厂生产的 T2000 电子经纬仪（见图 5-40）是一个具有旋转光栅的动态测角系统。其水平角、竖直角一测回的测角中误差可达 0.5″。

图 5-40　电子经纬仪

该系统度盘刻有 1024 个分划，相邻两分划间的角距为 ξ_0（见图 5-41）。电子经纬仪的测角精度完全取决于精测的精度。

（2）激光定向经纬仪

激光定向经纬仪，一般是在原经纬仪结构的基础上，配以激光目镜、激光器和激光电源组成。卸下激光目镜，仪器可以复原，作正常经纬仪使用。图 5-42 为仪

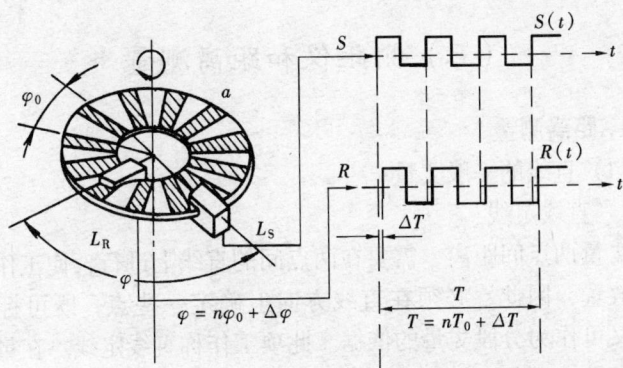

图 5-41　光栏图

器的光路结构原理图。

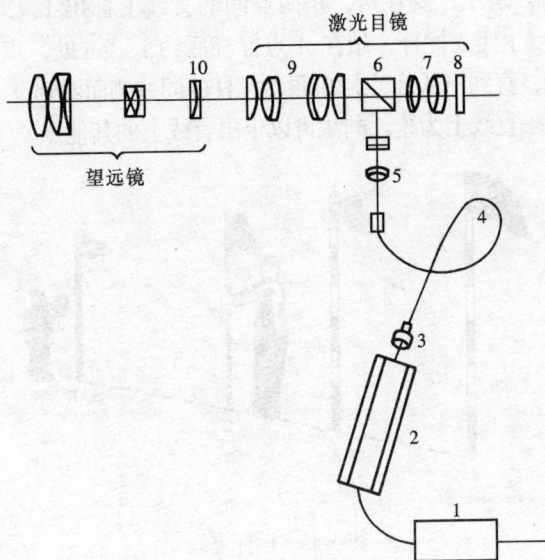

图 5-42　激光定向仪光路图

（三）测距仪和距离测量

1. 距离测量

（1）直线的一般丈量

1）直线定线

丈量两点间距离，需要在两点间的直线上进行，使工作尺沿直线放置，因此，必须在直线方向上确定一些点，既可标定直线，又可作为分段丈量的依据。此项工作称直线定线。在量距精度要求较高或距离较长时，采用经纬仪定线，一般可按三点定一直线的道理，用目视定线。

①两点间定线

图5-43所示，要在 A、B 两点间的直线上标出1、2等点，在 A、B 两点上竖立标杆，站在 A 点标杆后约 1~2m 处，指挥乙左右移动标杆，直到甲从 A 点用单眼沿标杆的同一侧面看到 A、1、B 三根标杆在一直线上为止。同法可以定出直线上的其他点。

图 5-43　标杆定线

定好的点位，要作一定的标志，仅作短期使用，则可用直径约 3~5cm，长约 30~50cm 木桩打入土中（桩顶比地面略高 1~2cm）作为标志，桩顶上钉小钉表示正确的位置。需较长期保存的，可用混凝土桩等，桩顶上标有"＋"，以示正确位置。

②两站点不能到达或两点间不通设的定线

图 5-44 所示情况，可用渐近法来定线。在 A、B 两点竖立标杆，甲、乙两人各持标杆分别站在 A、B 间的①与②处，且分别能看到 B 和 A 处。先由站在①处的甲指挥乙移动至 B①直线上②处，然后由站在②处的乙指挥甲移动至 A②直线上的①处，再由站在①处的甲指挥乙移动至 B①直线上的②处。这样逐渐趋近直到 CDB 在一直线上，而 ACD 也在一直线上，则说明 ACDB 同在一直线上。此种渐近法的定线方法也适用于两点不能一次直接丈量到达的定线。图 5-45 所示情况，就可以采用，只是增加③处一人，使 A②③、③①B、②③①都分别在一直线上，那么②③①AB 也就在一直线了。

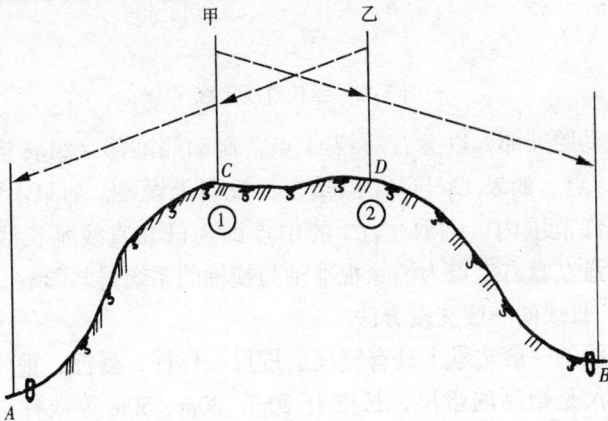

图 5-44　山谷定线

③延长直线定线

有时需在 A、B 两点固定方向的延长线上定出一系列待定点，为提高精度，缩短视线长度，采用经纬仪正倒镜分中法定出待定点，其方法见图 5-46。

将经纬仪安置在 B 点上，对中整平后，先以盘左后视 A 点，制动照准部，纵转望远镜，于实地定出 C_1 点，然后松制动螺

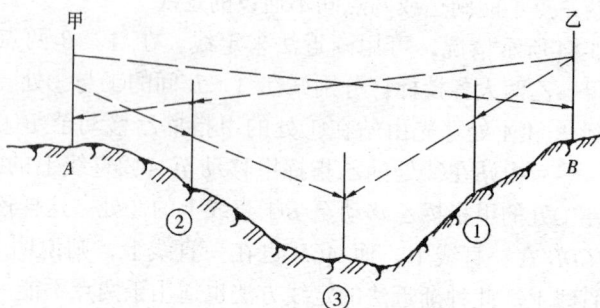

图 5-45　山丘定线

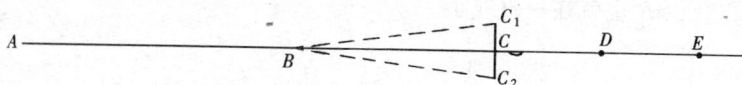

图 5-46　延长直线定线

丝，转动照准部，以盘右后视 A 点，制动照准部又纵转望远镜定出 C_2 点，如果 C_1 与 C_2 点重合，说明无误差，如果不重合，若在允许范围内，则取 C_1C_2 的中点即为已知直线延长线上的点。取盘左盘右定点为消除视准轴与横轴的系统误差影响。

2）直线的一般丈量方法

直线的一般丈量工具有钢尺、皮尺、标杆、测钎、垂球等。

钢尺是钢制的带尺，长度有 20m、30m、50m 等数种。钢尺的基本分划为厘米，在每米及每分米处有数字注记。一般钢尺在起点 1dm 内刻有毫米分划；有的钢尺，整个尺长内都刻有毫米分划。钢尺有端点尺和刻线尺的区分，这是由于钢尺零点的位置不同，端点尺是以尺的最外端点作为尺的零点，刻线尺的零点是在钢尺前端的刻划线上的零位处。使用时务必引起注意，以免出错。钢尺多用于精度较高的量距工作，如小三角测量的起始边、导线测量等。

皮尺是麻线与金属丝织成的带状尺。常用的有 20m、30m、

50m，精度低于钢尺，且易被拉长，只用在精度较低的测量工作中。

丈量工作一般由三人组成，在困难地段还需增加辅助人员。

①平坦地段水平距离的直线丈量

A. 往返测量法

它是用一根尺沿直线往返各量一次，其具体步骤是：

（A）丈量前，先将待测距离的两个端点 A、B 用木桩（桩上钉一小钉）标志出来，然后在端点的外侧各立一标杆，清除直线上的障碍物。

（B）后尺手持尺的零端位于 A 点，并在 A 点上插一测钎；前尺手持尺的末端，并携带标杆和测钎，沿 AB 方向前进，行至一尺段处停住，并竖立标杆听从后尺指挥。

（C）后尺手以手势指挥前尺手将钢尺拉在 AB 直线方向上；前、后尺手都蹲下，后尺手以尺的零点对准 A 点，当两人同时把钢尺拉紧、拉平和拉稳后，前尺手在尺的末端刻线处竖直地插下一测钎，得到点 1，这样便量完了一个尺段。

（D）随之后尺手拔起 A 点上的测钎与前尺手共同举尺前进，同法量出第二尺段。如此继续丈量下去，直至最后不足一整尺段时，由后尺手对零，前尺手读出零尺段数。

（E）全长的计算

$$全长 = n \times 1 整尺长 + q 零尺段数 \qquad (5\text{-}12)$$

式中：n 为尺段数，即前尺手所插下的测钎数。

（F）为了避免错误和提高测量的精度，应自 B 点起按上述方法返量到 A 点。

（G）精度计算

若上述 AB 段距离，往测 $D_{AB} = 146.225$m，返测 $D_{BA} = 146.263$m。从理论上讲，$D_{AB} = D_{BA}$，但在丈量中不可避免误差，往往使 $D_{AB} \neq D_{BA}$，则往返误差 $\Delta D = D_{AB} - D_{BA} = 0.038$m。而其平均值为 146.244m。由于误差的大小与丈量距离的长短有关，为反映出丈量的精确程度，因此，采用 ΔD 与往返平均值之比来衡量精度将既客观又更全面。所以此比值用分子等于 1 的分数形式来表示，称相对误差或精度。如：

$$k = (146.263 - 146.225) / 146.244 = 1/3849$$

在平坦地区，钢尺量距的相对误差一般应不大于 $1/3000$；在量距困难地区，其相对误差也不应大于 $1/1000$。精度在允许限度内，取平均值作为测量的结果。如果超限，寻找原因，并予以重置，至符合要求为止。

B. 单程双测法

用一根尺沿侧线单方向测量两次，其办法是使用标记不同的两套测钎，自 A 向 B 方向测量，其中一套测钎开始就用整尺段进行丈量。而另一套测纤，开始第一尺段为略小于整尺段，以后用整尺段依次丈量。这就产生两个数据，进行误差及精度的计算。

若首次单程测量结果：$D'_{AB} = 30.00 \times 6 + 6.43 = 186.43\text{m}$

两次单程测量结果：$D''_{AB} = 29.21 + 30.00 \times 5 + 2.18 = 186.39\text{m}$

则同前法计算丈量的精度：

相对误差

$$k = (186.43 - 186.39) / 186.41 = 1/4700 < 1/3000 \quad 合格$$

其中两次测量值 $D = (186.43 + 186.39) / 2 = 186.41\text{m}$。现精度合格，可作为丈量的结果。

②倾斜地段水平距离的直线丈量

A. 平量法

如图 5-47 所示。当地面有倾斜，沿倾斜地面丈量距离，当地势起伏不大时，可将钢尺拉平丈量。丈量由 A 向 B 进行，甲立于 A 点，指挥乙将尺拉在 AB 方向线上。甲将尺的零点对准 A 点，乙将钢尺的一端稍许抬高，并目估使尺子水平，然后用垂球尖将尺段的末端（如 30m 或 20m 等）投于地面上，再插以测钎。用此法进行丈量，从山上向下丈量比较容易，上坡丈量时，后尺手不仅要将尺子抬高、抬平，而且要使尺的零点对准地面点比较困难。若地面倾斜较大，将钢尺拉平有困难时可将一尺段分成几段来平量，如图 5-47 中的 MN 段。

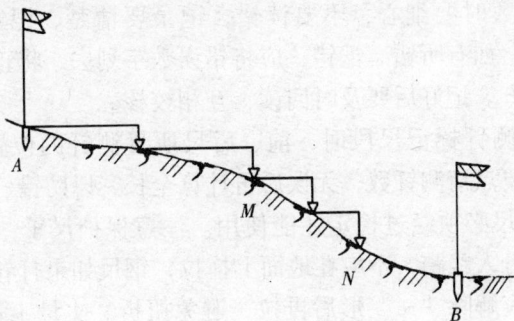

图 5-47　平量法测距

B. 斜量法

如图 5-48 所示。当地面起伏较大，但坡度比较均匀，当分段不便于直接丈量水平距离时，可沿斜坡丈量出 AB 的斜距 L，测出地面倾斜角 α，然后计算出 AB 的水平距离

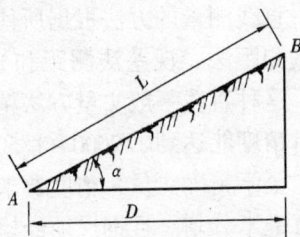

图 5-48　倾斜地面斜量法测距

$$D = L\sin\alpha \qquad (5-13)$$

或可沿斜坡丈量出 AB 的斜距 L，再测出两点间高差 h，然后计算出水平距离 D 的改正数：

倾斜改正数　　　　$$\Delta D_h = -\frac{h^2}{2L} - \frac{h^4}{8L^3} \qquad (5-14)$$

则水平距离　　　　$$D = L + \Delta D_h \qquad (5-15)$$

③直线的一般丈量的注意事项

A. 距离丈量前，必须认清钢尺的零点及末端位置，不要用错。前、后尺手动作要配合好，做到匀、紧、直、平的要求，即拉尺用力均匀、收紧、定线要直、尺身水平。在尺稳后再读数或插纤，对点要准确，测钎要竖直地插下，并插在钢尺的同一侧。一般读数应取至厘米，特殊要求时读到毫米。

B. 读数时要细心，不要读错，记录要清楚，记录应清晰，严禁涂改。如有听错、记错，应将错误数字划去，将正确的数字写于其上方。记好后要及时回读，互相校核。

C. 用测钎标记尺段时，前、后尺所量测钎的位置应一致，量到终点要点清测钎数，无误后再计算全长，以防错、漏。

D. 钢尺必须经过检定才能使用。注意保护尺子，不允许车辆辗过或行人践踏，不应在地面上拖拉，钢尺如果打卷，不可用力硬拉，应解除"∝"形后再拉，避免扭折。丈量工作完成后，用沾油的布立即擦净，以防生锈。

（2）直线的精确丈量

直线测量的方法根据所使用的仪器和工具的不同，分为直接测量测距法、视差法测距和光电测距等，前面介绍了直接测量法。这种直线一般丈量方法精度要求较低，读数只读到厘米，其丈量精度能达到 1/2000 ~ 1/5000。

至于精确丈量，精度要求高，读数要到毫米，至少尺的零点端有毫米分划。且钢尺须经检定，并用弹簧秤衡量拉力，沿地面丈量倾斜距离时，进行倾斜改正，温度及尺长改正。其丈量的精度一般都在 1/5000 以上，达到 1/10000 ~ 1/40000。

1）丈量准备工作

①清理场地

清理欲丈量的两点间障碍物，如杂草、树丛、坑洼等，使两点间能通视。

②定线

用经纬仪在两点间方向上定线，每隔一定距离钉一大木桩，两木桩间距离超过所用钢尺的全长，以便分段丈量，木桩顶高出地面 10cm 左右，在桩顶上用十字交叉表示点位或插上小针，定线偏差应符合规定，一般不大于 5cm。

③测木桩顶高程

用水准仪测定各木桩顶间的高差，作倾斜改正的依据，高差采用双面标尺读数或往返测法。往返观测所得高差（相邻两桩顶的高差）之差，一般不得超过 5～10mm；如在限差以内，取其平均值作为观测的结果。

④钢尺检定

由于钢尺在使用中受拉力、温度及两点间的倾斜度等的影响，钢尺上的刻划和注字只表示了钢尺的名义长度，与实际长度存在着差异，这就需要有个尺长的改正。

A. 拉力改正

标准（拉力、温度）状态下的钢尺的名义长度 L_0 与实际长度 L' 的差数为 ΔL_d。实际长度大于被检定的钢尺名义长度，ΔL_d 为正号，反之，ΔL_d 为负号。

$$\Delta L_d = L' - L_0 \tag{5-16}$$

每量 1m 的尺长改正数 $\qquad \Delta L_{di} = (L' - L_0)/L' \tag{5-17}$

B. 温度改正

设钢尺在检定时的温度为 t_0，丈量时的温度为 t，钢尺的膨胀系数为 α（一般钢尺当温度变化 1℃时，值约为 1.16×10^{-5} ~ 1.25×10^{-5}，常取为 0.0000125），则丈量一个尺段 L 的温度改正数 ΔL_t 为

$$\Delta L_t = \alpha (t - t_0) L \tag{5-18}$$

C. 倾斜改正

在直线的一般丈量方法②，倾斜地段水平距离的直线丈量的斜量法中，已给出倾斜改正数算式：

$$\Delta D_h = -\frac{h^2}{2L} - \frac{h^4}{8L^3} \tag{5-19}$$

当 h 较小时，上式可只取前面第一项。可见，倾斜改正数永远为负值。

2）丈量步骤

检定过的钢尺丈量相邻两木桩之间的距离。丈量组一般由五人组成，两人拉尺，两人读数，一人指挥兼记录和读温度。

①前、后尺手拉伸钢尺置于相邻两木桩顶上，让钢尺有刻划线的一面向上，并使尺的同一侧贴近桩顶十字线标志。后尺手将弹簧秤挂在尺的零端，以便施加钢尺检定时的标准拉力。

②两人同时用力拉尺，当弹簧秤指示接近标准拉力（30m钢尺拉力100N）时，由前尺手以尺上某一整分划对准十字线交点时，发出"预备"口令，此时尺身应保持稳定。

③在尺身稳定，后尺手听到读数口令"预备"后，在拉力合适时喊"好"，在喊好的同一瞬间，两端的读尺员同时根据十字交点读取读数，估读到0.5mm并记入手簿。

④每尺段丈量三次，尺段要移动钢尺位置进行丈量，即以尺子的不同位置对准端点，其移动量一般在1dm以内。三次读数所得尺段长度之差一般不超过2～3mm，视不同的要求而定。若超限，则要重新丈量。最后，取三次的结果平均值作为该段的丈量成果。往测后还需返测，以作校核。每量一个尺段都应读记温度一次，估读到0.5℃。

按上述，由直线起点丈量到终点是为往测，往测完毕后，立即返测。每条直线所需丈量的次数视不同的要求而异（一级4次，其余2次）。

3）丈量成果整理

精密量距中，每一实测的尺段长度，需进行尺长改正、温度改正及倾斜改正。对于一般在平坦地区直接丈量水平距离时，只需对尺长改正及温度改正。对于沿倾斜地面所量距离，尚须增加倾斜改正。由于倾斜地面通常是分段丈量的较多，且段长不一定是整尺段，所以一般需要分段改正。关于三项改正的公式如下：

①尺长改正

$$\Delta D_{长} = D \times \frac{\Delta L}{L} \tag{5-20}$$

式中 D——分段丈量的倾斜距离；

ΔL——钢尺检定时整尺段的尺长改正；

L——钢尺名义长度。

②温度改正

$$AD_温 = D \cdot \alpha \ (t - t_0) \tag{5-21}$$

式中 α——钢尺膨胀系数；

t——丈量时钢尺的温度；

t_0——检定时钢尺的温度。

上面两项改正在尺长方程式中已考虑。

③倾斜改正

$$\Delta D_倾 = -\frac{h^2}{2L} \tag{5-22}$$

式中 h——分段丈量时的两端高差。

2. 测距仪

（1）光电测距仪

光电测距是近代的一种较先进的测距方法，它具有测程远、精度高、受地形限制少、作业效率高等优点。光电测距仪所使用的光源有普通光源、红外光源和激光光源等几种。按仪器的测程不同，光电测距仪分为远程（20km 以上）、中程（5～20km）、短程（5km 以内）三类。对任一光电测距仪来说，量程不能超过它的最大测程。

目前国内外生产的光电测距仪不仅能自动显示距离，而且能自动进行气象改正，有自动跟踪能力。有的还配有微型计算机接口，能自动记录、存储、输出数据，进行高差、坐标增量以及坐标的计算，使得测量工作大为简化。

（2）RED mini 型红外测距仪

图 5-49 是短程红外光电测距仪 RED mini 的外貌图。主机固定在经纬仪的上部。连接支架上有竖直制动、微动旋钮和水平微动旋钮。使用方法主要是仪器安置和距离量测，有关内容可看产品说明。

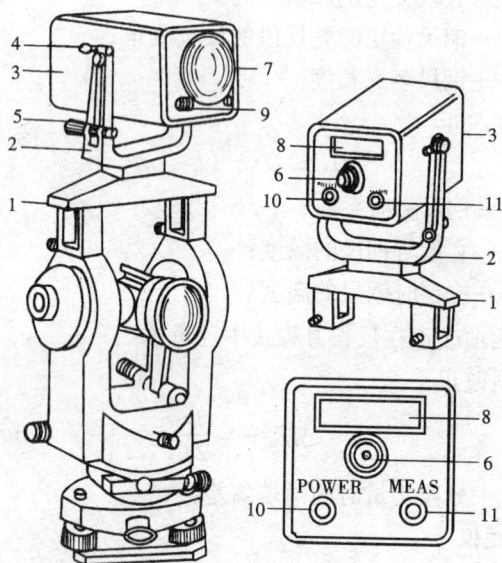

图 5-49　RED mini 测距仪

1—支架座；2—支架；3—主机；4—竖直制动旋钮；
5—竖直微动旋钮；6—发射接收镜的目镜；7—发射接
收镜的物镜；8—显示窗；9—电源电缆插座；10—电
源开关键（POWER）；11—测量键（MEAS）

（四）下水道工程施工测量

1. 开槽埋管施工测量

（1）开工前的测量工作

1）熟悉图纸和现场情况

在开工前，首先要认真学习图纸，通过熟悉图纸，了解设计意图和对测量精度的要求。掌握管线的中线位置和附属构筑物的位置等，并找出有关的施测数据及其相互关系。对有关的尺寸应认真校核，深入施工现场，找出各交点桩、转点桩及水准点的位置，特别注意地下管线的复查工作，以免造成不必要的损失。

2）校核中线，并测设施工控制桩

施工前应根据原定线的参数，对中线测量中所钉的交点桩，进行复核，并将丢失的桩恢复和校正。同时应在不受施工限制，引测方便，易于保存桩位的地方测设施工控制桩，实现下水道的中心线始终处于受控状态。施工控制桩分中线控制桩和附属构筑物位置控制桩两部分，按测设的施工控制桩，做好桩的保护工作。

3）加密临时水准点

为施工方便，在原有水准点之间加设间距约 100～200m 的临时水准点。其闭合差精度 $f_{h容} \leqslant \pm 12 \sqrt{L}$（mm）（$L$ 为引测路线公里数）。

4）纵横断面的测量

开工前进行纵、横断面的复测，便于核实土方量。

5）槽口放线

根据设计的埋深、管径大小和土层情况等计算出开槽宽度、窨井处的宽度，在地面上定出其边线，即为槽口放线，作为开槽的依据。

（2）开槽埋管施工过程中的测量工作

1）设置龙门板

下水道施工中为控制管道的中线、高程和坡度而建立的专门设施称龙门板，又叫坡度板（附加样板、小脚及锯齿形竹、木桩）。如图 5-50 所示。

龙门板一般在窨井处或沿管道方向每隔 30～40m 处设置一块，通常跨槽设置。其高度根据管道设计坡度及观察人员的适中观察高度，用水准仪调整到准确高度。管道中心线由中线控制桩而定，用经纬仪投影到各龙门板上，并用小钉标定其位置（可将里程桩号或窨井等附属构筑物的编号写在龙门板左右侧），以便通过锤线球自小钉向下将中线位置投影到管槽内，达到控制管道中线的目的。

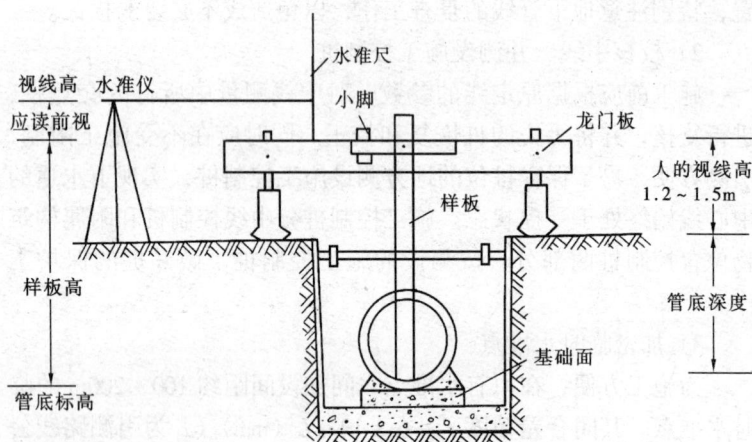

图 5-50　下水道测量用龙门板示意

水准仪调整龙门板高度最常用方法是"应读前视法"。图 5-50 所示。具体步骤如下：

①由后视水准点，测出视线高；

②确定龙门板的"应读前视"（立尺于龙门板上口时，应读的前视读数）：

应读前视 = 视线高 –（管底设计高程 + 样板高度）(5-23)

式中的管底设计高程可以从纵断面图中查出，或用已知点设计高程和坡度进行推算而得。而样板高度为：

样板高度（一般取整米数）= 管底深度 + 人的视线高

③龙门板上口改正数的确定

改正数 = 龙门板上口前视数 – 应读前视数　　(5-24)

式中的龙门板上口前视读数是由水准仪通过龙门板上口立尺而读出的数。其中改正数为"＋"时，龙门板应上调改正值；反之，为下调改正值。

若龙门板跨越沟槽宽度太大，为防止龙门板两端上口不水平，通常计算板的两端改正数来调整龙门板的准确高程。

④改正值的确认

152

由水准仪通过初步固定的龙门板上口立尺而读出实读前视数和应读前视数，检查是否一致。若在 ± 2mm 误差范围，即对改正值的确认，认定龙门板位置正确，即可固定。

⑤继续完成其他板的设置

第一块龙门板固定后，可根据管道设计坡度和龙门板间的距离，推算出第二块、第三块……等龙门板上口的应读前视，按上述方法测设其他龙门板位置。为防止出错，每测一段后应与另一个水准点进行符合校核。

2）样板及小脚的测设

样板是龙门板配套工具之一，用来量测和控制管道高程，如图 5-51 所示。

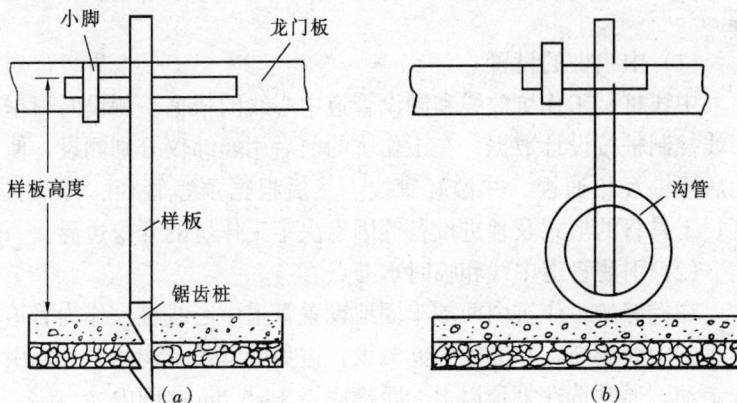

图 5-51 样板和小脚

样板高度（一般取整数）＝管底深度（地面标高 – 设计管底
标高）＋观察者视线高
$$(1.2 - 1.5m) \tag{5-25}$$

附设在样板横杆上用来控制管道基础面高度的竖小板称小脚，如图 5-51（a）所示。

小脚高度 ＝ 管壁厚度 ＋ 1cm。

这样，在管道铺设时利用龙门板，结合样板及附小脚后，即控制管道沟底标高，基础面的高度也可测出。要是再制作一种，如图5-51（a）所示。沿沟槽长度方向每隔4m左右钉入一个此种桩，将锯齿形的水平线分别表示碎石面、挖土面。这就使整个开槽埋管施工过程中的测量工作基本获得实现。

具体由站在龙门板前的观察者，把相邻两块龙门板上口、样板顶三点达成一线，即把基础面和管底标高控制了。另外，当相邻两块龙门板上口、小脚顶三点达成一线时，样板底与基础面线一致，也就把锯齿桩的打入高度确定了下来。那么挖土面、碎石面和混凝土基础面等标高的控制就不存在问题了。

2. 顶管施工测量

顶管施工测量的主要任务是掌握管道中线方向、高程和坡度等。

（1）中线桩的设置

中线桩是工作坑放线和测设管道中心线的依据。测设时根据中线控制桩按设计数据，在工作坑的前后用经纬仪分别测设，使前后两桩互相通视，并做好攀线。然后根据顶管管径、管节长度、工具管的形式及顶进设备等因素决定工作坑的开挖边界。

（2）引测管道中线和临时水准点

在挖好的工作坑内两端牢固地设置管道中心线桩，作为管道顶进的中线依据，它必须独立测设，避免受其他结构的变化而引起走动。通常选在管顶以上，距槽底1.8～3.5m范围内。

临时水准点是安装导轨和管道顶进过程中掌握高程的依据，一般在坑内顶进起点的一侧或侧壁上设置控制桩（钉）标明其高程。如图5-52所示。为确保水准点高程准确，应尽量设法由地面上水准点一次引测（不设转点），并经常校核。

（3）导轨安设测量

1）导轨要素的确定

①导轨的中心线：必须与顶进管道的中心线一致；

②导轨面的标高：为设计管底标高，即为管道内径下口的标高；

154

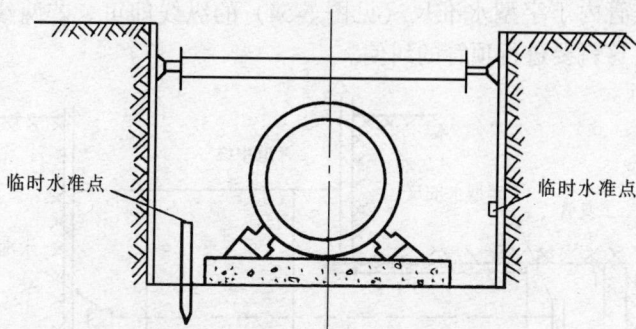

图 5-52　工作坑内的临时水准点

③导轨的长度：一端与顶
进工作坑出洞口内侧齐，另一
端与千斤顶的顶头齐。

④导轨的计算：

见图 5-53，轨距 $A_0 = 2 \times BC$；$BC = \sqrt{R'^2 - R^2}$　　(5-26)

式中　R'——管外壁半径；

R——管内壁半径。

2）导轨的安装测量

导轨安装固定前，应根据
管道中心线及临时水准点检查

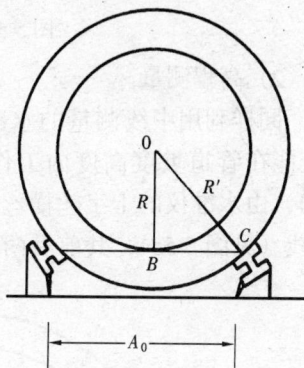

图 5-53　轨道轨距

导轨中心线和导轨面高程（即设计管底高程），确定符合设计要
求后将其固定。

（4）顶进过程中的测量

1）中线测量

利用经纬仪将工作坑内前后两个标志中心线位置点的连线，
引入坑底的混凝土基础上或工作平台上，并将一台水准仪安放在
该引入的中心线上，使与管道中心线完成重合。这样，通过该水
准仪就可对顶管进行中线测量。只要水准仪十字纵丝的纵线照准

155

工具管内丁字型水准尺（见图 5-54）的纵线即可。若两线有偏离，这就要进行顶管的纠偏。

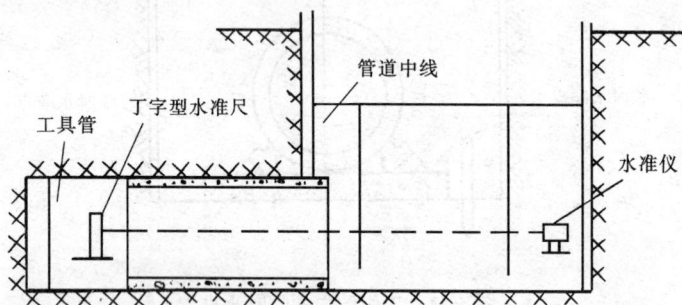

图 5-54　中线测量

2）高程测量

同样利用中线测量的水准仪，将其仪高安置在适当高度上（既能在管道坡度高度内工作有效，又能使观察者视线高度可行），由水准仪的十字丝横丝，照准工作管内丁字型水准尺上的横线（见图 5-55），其前后两次差值，就可反映顶管管道在该顶

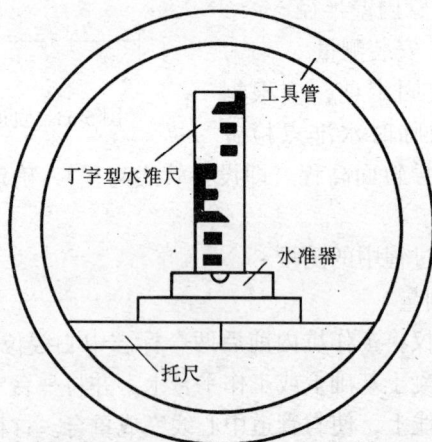

图 5-55　丁字型水准尺的高程控制

距两点的坡度和高程准确与否。当然，首先应该确定仪高的高程在丁字型水准尺上的读数，作为初始值。才能依次确定其坡度和高程。

说明：

A. 以上测量方法仅使用在短距离直线顶管中（一般在 50m 内）是可行的，结果也较可靠。当距离较长时（大于 100m），可在中线上每 100m 一个工作坑或采取其他定中线的方法，但这是较费时费工的烦杂工作。上海市第二市政工程有限公司研制的雄鹰测量系统，可替代这烦杂工作，能有效地满足长距离和曲线顶管测量的需要。

B. 应经常对水准仪的位置、高程（仪高）进行复测，以保证测量过程的准确。顶管测量要勤测，一般每顶进 50cm 测量一次，如偏差较大时，需增加测量次数。

六、施 工 排 水

影响下水道工程顺利施工的水源有下列三种：原地下管线的渗漏水；雨雪水的侵袭、汇流入沟槽的明水；地下水的渗流水。

对于影响施工的水必须采取有效措施予以排除，改善施工条件，确保工程顺利进行。通常措施有施工现场排水、原有排水管道的封堵和人工降低地下水位等三个方面。

（一）施工现场排水

施工现场排水主要有两个方面，一是堵截明水，不让汇流入槽，保证施工的正常进行，另一方面是保持施工范围内的雨污水正常排放，使附近的工厂、居民的生产和生活不受影响或少受影响。其主要方法：

（1）利用可能保留的原有排水管道，继续维持通水，而将通向施工范围可能影响新管道施工的一部分原管进行封堵、切断。若原管道因此而断流受阻，则将其引流到其他管道系统中去。

（2）铺设临时排水管。当无原管道可利用时，可铺设临时排水管作为施工期间附近街坊和施工排水的通道。

（二）管道的封堵

1. 封堵方案的确定

管道的封堵有新铺设管道的封堵和原有管道的封堵。封堵必须根据施工需要制定有效方案。

新管道封堵的方案一般处于无水、无污染物的情况下进行。

原有管道的封堵一般比较复杂，确定方案前，必须预先做好调查，如：管径大小、水流方向、管道分布、检查井深度、井内接入管道的数量、窨井是平底还是落底、管道方向、位置以及将管端封堵后，水流有无出路，附近有无河道，河水是否会与老管道联通或沿管道垫层进行渗漏等等。调查资料要做好记录，用简图标明，提供方案的确定。方案必须附标有封堵位置、数量的平面图。以利于方案的实施。

2. 封堵方法

（1）管塞封堵法

管塞封堵法常用于小型管道中，一般管塞有橡胶塞（两块铁板中间嵌装厚橡胶圈，铁板用螺栓绞紧，使橡胶圈扩张与管壁产生摩擦，以达到稳定管塞的作用）、木质管塞（外包麻布等塞入管口并塞紧）。另外，也可用透水性小的黏土装袋，然后塞入沟管塞紧等。

（2）砖砌封堵法

用水泥砂浆或水泥黏土拌制的胶结材料，砌筑砖墙来封堵大、中型管道，是较常用的方法。它具有取料方便，封堵效果较好的优点，缺点是拆除比较困难。一般有无水封堵和有水封堵两种。

1）无水封堵

它是在无水状态下进行的封堵。多数是在新铺管道因需要封堵时采用。根据方案直接用水泥砂浆作砖墙的砌筑，墙厚在半砖到一砖半之间。

2）有水封堵

根据封堵管道内的水位深浅，有浅水封堵和深水封堵两种。由于封堵是在水中操作，水泥砂浆易被水冲走，因此砌筑料采用水泥拌黏土，它具有黏性强、结硬快、不易在水中溶解或被水冲刷等优点。水泥与黏土的比例为 $1:4 \sim 1:5$。操作方法是先将黄泥加水和匀，无硬块粗粒，呈面团状，再加水泥拌匀。也可适量加入水玻璃、快干剂之类的促凝剂。掺入后的混和物应随拌随用，以免结硬失效造成浪费。

在井下进行封堵，应先将井底、壁的污泥清除干净，否则水泥黏土与井底、井壁粘结不良，可能会被水冲掉，使之封堵失败。

浅水封堵操作人员可直接下井操作，封堵位置可以在窨井上游管口或封在下游井壁上，见图 6-1、图 6-2。

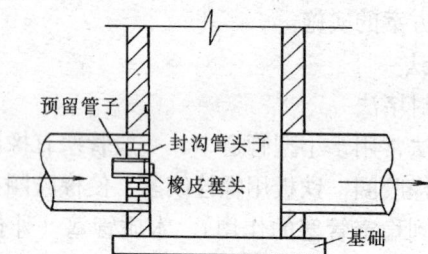

图 6-1　封上游管道

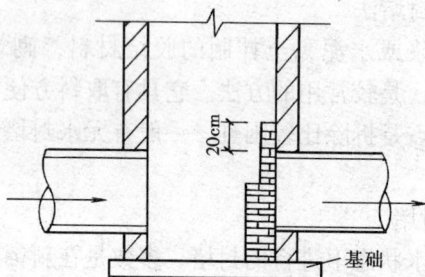

图 6-2　封下游管道

深水封堵井深水高，工人下井操作十分困难。往往中小型沟管采用隔井断流法，即先临时堵塞欲封检查井上游的另一检查井的管口，待水位降低后，再用浅水封堵法进行封堵。其作业要在水中或水下进行。具体做法是小型管道采用管塞封堵法临时堵塞；中型管道可用内灌不透水黏土的编织袋或麻袋进行垒筑，袋口扎上绳子，便于取出。分别在欲封检查井上游第一或第二只井的下游一侧管口堵住，使之下游的流水减速与减量，甚至断水；

采用第二只井堵水，若仍有水下来，还可在欲封检查井的上游第一只井内的两侧管口挡好板，直接用不透水黏土或用上述灌土口袋填实封塞。经过两道封堵，一般水位基本能下降，即可进行浅水封堵操作。对于大型管道则常由潜水员下井封堵。

3. 封拆管道的操作安全

封拆管道是高风险的工作之一，务必高度重视安全操作。

(1) 慎防有毒有害气体的伤害

管内一经排放工业废水或生活污水，就会产生对人体有害的气体，如硫化氢、氰化氢、一氧化碳、二氧化碳及甲烷等。轻则暂时窒息，重则当即死亡。因此，必须严格遵守操作规程。下井前，采取有效措施，排除有害气体，保持空气流通，鉴定污水毒性和测定井内有害气体的浓度，组织安全交底，落实防护措施及抢救措施。

(2) 防范水中、水下作业的伤害

有水封堵作业中，除需测定水质的有毒有害外，避免对人体的伤害，还应注意过高水位及过大、过急流水对操作人员的伤害。

首先，水中、水下作业人员必须经过培训，取得上岗证后进行操作。其次，作业前要有安全保护措施和必要的抢救措施才能下井操作。

(3) 注意暴雨期、汛期的安全

暴雨期、汛期封堵管道时，务必密切注意暴雨、潮汛信息。一旦暴雨、潮汛来临，必须无条件拆除封堵部位，确保排水畅通，绝不允许因封堵管道造成大量积水，使国家财产、人民生命财产安全受到损失。否则将受到国家法律、法规的严惩。

封堵被拆除，必须在原有平面图上（或表格中）标明拆除日期、位置和方法，以便作为核查拆除工作时的依据，以及在暴雨、防汛期间作为工作时档案资料的查考内容。

（三）地下水的排除

1. 地下水的分类

地层中的地下水分为潜水和承压水。潜水埋藏在地表以下、第一层隔水层以上。当开挖沟槽深度达到潜水层时，即出现自由水面，其水面的标高，就是地下水位，称潜水面。潜水是重力水，它在重力作用下流动，没有承受压力。从潜水面至地表的距离称为潜水埋藏深度。由于受大气降水等直接影响，潜水面的水位受季节影响而变化着的。

承压水又叫层间水，是埋藏在两个隔水层之间的地下水，水体承受着压力，打井挖槽至承压水时，水便会自行上升，甚至自动喷水。

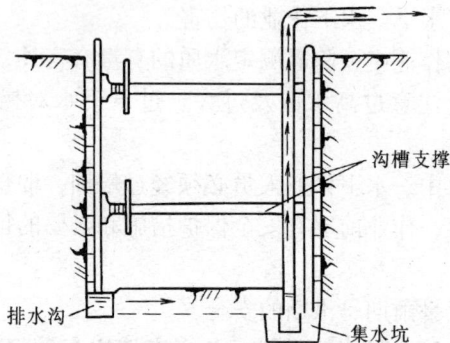

图 6-3　明排水法

2. 地下水的表面排除法

对于地下水和雨水一般采用明排水法将表面水排除，如图6-3所示。即在沟槽底两侧及基坑底四周设置排水沟，将地表水或槽底、槽壁渗流出来的地下水汇集到排水沟内，经排水沟流入集水井，用水泵将水抽掉，引入沟浜江河，或利用相邻地区管道排出，或铺设临时排水管予以引开，使沟槽不被水浸泡。

明排水法适用于不易产生流砂的土层中，在施工中还要防止雨水汇流进入沟槽。

3. 地下水位的降低

在地下水位较高施工区，往往采用井点降水法的人工降低地下水位方法消除地下水对施工的影响，达到固结土体以改善挖土环境。然而固结土体会导致固结沉降，从而造成对周围环境的影响和破坏，必须具备相应的防范措施，尤其要注意对重要设施和高大建筑物的保护。

井点设施根据土质情况和所需降低深度的不同，有轻型井点、喷射井点、管井井点、深井泵井点、电渗井点等形式。下面仅对轻型井点和管井井点作一介绍。

（1）轻型井点系统

轻型井点系统是目前使用较广的人工降低地下水位的设施之一，其布置如图 2-6 所示。在沟槽的一侧或两侧、沿基坑的四周埋设带滤网金属直管——井点管，通过弯联管将这些井点管的上端与水平放置的集水总管相连接，利用与总管相连的抽水设备日夜不停地抽汲井点管周围的地下水，从而降低了地下水位。抽水设备即是水泵机组，主要是射流泵；除此以外，统称为管路系统。

1）井点施工

井点施工的优劣，直接影响着轻型井点系统的降水效果。

①根据沟槽长宽情况或基坑的平面形状、土质情况、地下水的流向、水量大小和降水深度等进行平面、立面的设计，绘出平、立面图。井点系统平面布置分为线形与环形（封闭式）两种。线形布置有单排与双排之分，主要适用于沟槽降水。环形布置适用于基坑降水。

②根据平面图，在实地进行总管和井点管的平面布置，同时准备冲沉井管的设备、动力、水源、排水线路及必要的材料等。

井点管设置在距离沟槽（基坑）壁 1~1.5m 处为宜，一般不宜小于 0.8m。否则可能连通槽壁造成局部漏气，降低射流泵真空度，影响抽吸效果。

③根据计算的降水深度，布设总管及水泵机组标高位置。若需设置在地面以下时，则按计划标高先开挖管槽及安放泵机的基坑，然后再铺设总管和泵机的安放。一般总管设置于井点管的外侧，与泵轴齐平。沿抽水水流方向有 0.25%～0.5% 的上仰坡度，或保持水平。总管间用法兰或钢套箍连接。

④根据总管上短管位置冲沉井点管。

A.井点管的布置密度，应根据地下水量、降水深度及工程性质等因素选择，一般采用 0.8～1.6m，在靠近河流处宜适当加密布置。线状布置的井点系统，其两端应适当加密。总管和井点管的布置，应超过开挖沟槽长度 5～10m，或者超出长度等于所选用的井点管长度。环状布置的井点系统，在总管的转角处应适当加密井点管的数量。

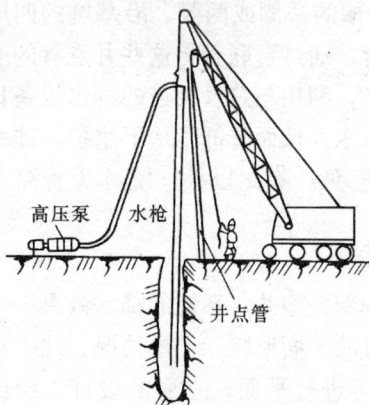

图 6-4　冲枪冲沉井点管

B.采用冲枪冲沉井点管，进行井点管埋设。见图6-4所示。冲枪直径为 50～70mm 的钢管，冲枪长度比井点管长 1.5m，冲枪下端呈圆锥形，顶端设有喷嘴，在圆锥面上设几个喷水小孔，使部分高压水流斜向喷射，起到扩孔作用。

井点管的冲沉是利用人字架或吊车等机具吊起冲管，将喷嘴端插入定好位的井点坑洞中，另一端与高压泵接出的高压管连通，使高压水输入冲枪管实现的。高压泵的工作水压力为 0.2～0.5MPa。通过滑轮不断牵引、旋转冲枪，冲成直径 30cm 左右圆形土孔，逐渐深入，直到深度超过井点管滤管底 0.5m 左右，停留片刻，使孔底泥浆随水浮出，减少泥浆沉淀，然后关闭水泵，并迅速提升冲枪，随即插入井点管，紧接着向孔内灌入粗黄砂，同时晃动井点管使黄砂迅速到达滤管顶端和周围。填砂高度不低于滤管顶部以上 1.0 ~ 1.5m。也可填到原地下水位高度。井管四周的填砂厚度应保持在 10cm 以上，以保证水流畅通。

实践证明，砂滤井质量好差是影响井点系统降水效果的关键所在。防止天然土颗粒流入滤管堵塞滤网而成为"死井"，除确保孔径外，滤管周围必须有足够厚度的砂滤层。

C. 在冲孔前先做好地面泄水。用高压水枪成孔，有泥浆从孔口溢出，为防止泥水遍地漫流，冲沉井点管前应预先沿井管的布置线路开挖明沟，以便及时排除泥浆水。

⑤用弯联管将井点管与总管接通。注意保持各联接部位紧密不漏气。

⑥安装水泵机组，通过试抽后正式运转使用。

射流泵的安装标高应与总管齐平，以发挥井点系统的最大效用。

2）井点系统的使用

A. 单级井点降水

井点系统全部安装完成后，即可开动水泵观察真空度情况和检查漏气情况，发现管路系统有漏气时，应及时检修。使真空度满足所需降水深度的最低真空度以上，以便确保地下水的降水深度。

井点系统开始抽水后，应持续运转，时抽时停易造成滤网淤塞，影响井点系统降水效果。同时还会形成地下水回升，引起边坡滑坡塌方等。

为及时了解地下水位降落情况，应布设适量的观测井。其施工要求与冲沉井点管相同，只是其上端不必与总管联接。观测井也可直接利用井点管设置。对重大的降水工程，应做好流量、真空度和观测井水位的记录。

B. 多级井点降水

当要求的降水深度超过 7 ~ 8m 时，可采用多级井点系统逐级降低地下水位，见图 6-5 所示。

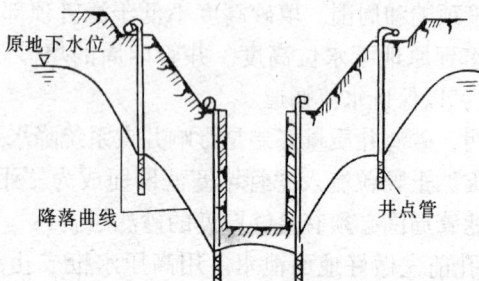

原地下水位

降落曲线

井点管

图 6-5 多级轻型井点系统降水

其施工程序是：先埋设第一级井点系统，待水位降落后，挖土至安置第二级井点系统总管位置的土面标高，根据预定的平面位置，设置第二级井点系统，待达到第二级降水深度后，再继续向下挖土，但应留出井点系统所有井点的平台位置约 1～1.5m。

凡是在单级井点降水中使用的要求，多级井点中仍要做到。由于多级井点由于土方量大，施工期长，可靠性较差等缺点，所以采用较少，一般常采用喷射井点代替多级井点降水。

（2）管井井点

管井井点是沿基坑每隔一定距离设置一个管井，井内设水泵抽水，不断降低地下水位。当地下涌水量大，土的渗透系数又大的情况下，采用管井井点降水，是较为经济有效的。

常用的管井管材料为钢管或混凝土管。钢管管井一般采用直径为 200mm 左右，滤管部分长 2～3m，用钢筋焊成骨架，外包孔眼为 1～2mm 的滤网，过滤地下水。混凝土管管井，一般采用内径为 400mm 左右的混凝土管套接而成，其过滤部分在混凝土管壁上凿孔，呈梅花形排列，孔隙面积约为管壁面积的 20%～25%。

抽水常使用潜水泵，泵位应置于地下水位以下。另外也可采用潜水泵直接降水。

管井井点可采用钻孔法埋设，为防止坍孔，可向孔内灌入泥浆护壁。但在下管前务必用清水清孔，以确保管井滤网的畅通。钻孔孔径应比滤水井管外径大 10~20cm，井管与土壁间一般灌填砾石作为过滤层。管井埋设完毕后，应用水泵或空气压缩机进行泥砂清除，防止过滤层淤塞，使井点的出水量能达到正常状态。

4. 流砂现象及防治

（1）流砂现象的形成

在动水压力或水力坡降（水头差）的作用下，土中的细土颗粒失去稳定，随水一起流动的现象即为流砂现象。流砂现象一般发生于细砂、粉砂、砂质粉土及淤泥中。而在粗砂、砾石中，乃至黏土中，流砂现象较不易形成或不形成。

（2）流砂现象的危害性

1）一旦流砂形成，就会造成土体扰动、破坏土体结构、恶化施工环境，造成施工困难、事故险情难免的恶劣局面；

2）在沟槽、基坑挖土中，遇到流砂现象，将会出现挖土不断，随水而来的动土涌入不止，周围土体严重失稳，会出现边坡或槽壁的滑坡、坍塌以及槽（坑）底隆起等严重事故；

3）处理不当，使周边及附近地面下沉、凹陷、开裂，其上建筑物随之倾斜倒塌，乃至遭到破坏；

4）阻碍工程顺利进行，增加工程成本，一旦疏忽，还会酿成质量或安全事故。

（3）流砂现象的防治

防治流砂现象的基本出发点是减小动水压力值和渗透水头差，切断流砂通道和流砂水路，阻止土颗粒流动等。其方法大致有：

1）选择全年地下水位较低的季节施工，避免过大的水头差带来的不利。

2）水路隔断法：如沿槽壁打入长钢板桩，增长地下水的渗流途径，减小水力坡降，提高了土壤的稳定性，来避免流砂现象的发生。

3）采用快速施工，在流砂现象形成前或后果不严重时，完成工程结构。

4）土体固结法：在土层中压注入化学固结材料，固结土体颗粒，改善土体的力学性能，提高土体的稳定性，并起到阻隔地下水的作用，如水泥搅拌桩围护等。

5）采用井点降水法实现人工降低地下水位：减小动水压力值和渗透水头差，消除动水力，阻止流砂现象的发生。

七、开 槽 埋 管

（一）施 工 工 艺

　　排水工程管道施工中，开槽埋管是最基本的传统施工方法。根据施工操作的先后程序，其工艺流程主要包括下列内容：

　　施工前的准备工作（包括熟悉图纸，现场路勘，编制施工组织设计，施工交底，测量放样等）→开挖路面→沟槽支护→开槽挖土→施工排水→支护支撑→管道基础→管道铺设→管道接缝（接口）→砌筑检查井→闭水检验→护管（管座，坞旁）→沟槽回填土→拆除支护、支撑→连管，雨水进水口→路面修复

　　如果需要采取井点降低地下水水位的措施，则在开槽挖土前增加井点安装（冲沉井管，安装总管）工序，在沟槽回填土后增加拆除井点（拔除井管，拆除总管）工序。流程中的沟槽支护、支护支撑和拆除支护、支撑等工艺，将随支护的形式和种类的不同而有所不同。

　　为了改变传统工艺，促进行业的发展，全国各地在机械挖土、快速支撑（液压支撑、框架支撑、滑轨组装式支撑）、长管铺设（基础、接口、护管改革）、管材选用、预制窨井以及沟槽回填方法（换土法、加固法、改良法）等新工艺、新技术进行了不少探索和研究。考虑适用范围，推广可行，经济成本等因素，在此不作进一步叙述。

（二）沟槽和支护

1. 沟槽断面形式和选择

（1）沟槽断面形式

1）矩形断面（直槽）

用于设置支护、支撑的沟槽，如图 7-1（a）所示。此形式，在槽深小于 1.2m 时，可以不考虑支护、支撑。

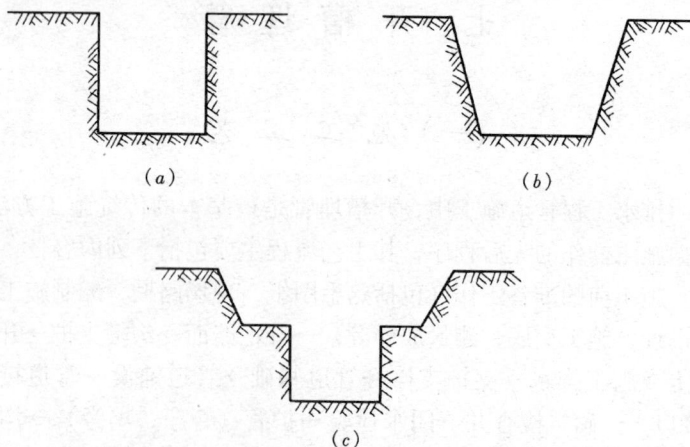

图 7-1　沟槽断面形式
（a）矩形断面；（b）梯形断面；（c）混合断面

2）梯形断面（大开挖）

大多用于郊县或市区不受施工边界限制的开阔地带采用，如图 7-1（b）所示。

3）混合断面

直槽部分设支护，而斜坡部分可不设支护，如图 7-1（c）所示。

（2）沟槽断面形式的选择

根据土壤的类别和性质，地下水位的高低，施工场地的宽窄，管径的大小、埋设深度，施工设备及工具条件等因素，进行沟槽断面形式的选择。

一般黏性土开挖直槽的可能性比砂性土大；砂性土在无支护的条件下，只能开挖成梯形断面；地下水位较高地区，开挖成梯形槽和支护型直槽为宜。

2. 支护种类和形式

随着建筑材料和施工工艺的发展，沟槽支护由简单的、传统的发展至今多元的、现代的种类和形式，见表7-1。

支护种类和形式表

表 7-1

	序号	种类	名　称	形　式	备　注
沟槽支护	1	木质类	板式支护	横撑式、竖撑式	有疏、密之分
			桐木支护	同上	同上
	2	钢质类	钢围令支护	同上	同上
			钢板桩支护	间隔式、平列式、咬口式	槽钢、拉森桩
			钢管桩支护	间隔式、平列式	
	3	混凝土类	钢筋混凝土板桩	咬口式、灌缝式	
			深层搅拌桩支护	相切式、相割式	
			灌注桩支护	相切式、相割式	
	4	混合类	H型钢混凝土桩	相切式、相割式	
			预应力锚固框架	钢筋式、钢绞线式	
			钢筋混凝土连续墙		
			钢管注浆土钉墙		
	5	化学类	高压注浆加固		不常用、价格高
			土体固结加固		不常用、价格高
			冰冻法加固		不常用、风险大

（三）沟槽挖土和支撑

1. 挖土

（1）翻挖路面

在市区道路中开挖沟槽时，首先将进行路面的破碎和翻挖。有人工、爆破和机械等施工方法。随着施工条件和环境的改善，一般采用机械施工。这就需要根据路面结构形式及施工条件和环境，选用不同类型的施工机械和方法。如静力破碎、风动破碎、液压破碎等。

在翻挖时要注意旧料的利用、翻挖质量要求和现场的施工安全。开挖面的沟槽宽度不应小于规定的宽度，沟槽边线要齐直，槽壁应垂直平整，施工区与非施工区应用隔离物严格隔开，着重注意交通安全。

（2）沟槽挖土

根据土质、管径大小、埋设深度、现场条件、劳动力、机具设备和工期要求等具体情况，有人工挖土和机械挖土两种方法。

由于市区施工场地狭窄，地下管线复杂，当管道埋设较浅时，一般采用人工挖土或以人工挖土为主，机械为辅的方法；当管道的管径较大，埋设较深，而且又有条件采用机械挖土的，为了减轻劳动强度，加速施工进度，应尽量采用机械进行沟槽挖土。常用的机械有液压挖掘机和抓斗挖土机等。

采用液压挖掘机挖土时，钢板桩必须具有足够的人土深度，同时要及时做好支撑的配合工作，以免沟槽开挖过程中钢板桩位移，危及施工安全。在挖土快到槽底时，务必预留底土 20cm，待做基础前再用人工挖去、整平。这样可避免对槽底造成超挖，不出现人为对槽底产生扰动。

不论人工挖土还是机械挖土，槽边单面堆土高度不得高于 2m，离沟槽边不得小于 1.2m，一般施工机具距离沟槽边不得小于 0.8m，并应停放平稳，确保施工安全。

2. 支撑

沟槽支撑是沟槽支护的辅助，是防止槽壁坍塌的一种临时性施工安全技术措施。在沟槽较深，土质较差，地下水位较高，附近又有建筑物时，支撑尤为重要，它直接关系到施工的安全和质量。在上海等沿海城市的市政工程安全操作规程中明确要求，挖土深度超过 1.2m 时，必须实施支撑。

支撑根据使用的材料不同，有桐木支撑、钢管支撑、型钢组合支撑、钢筋混凝土支撑和结构支撑等。

（四）管道施工

1. 管道基础

（1）管道基础的作用

管道基础是承受沟管自重、管内液体重、管上土压力和地面荷载的结构层。管道基础由地基（土基）、基础及管座（护管，坞膀）三个部分组成，如图7-2所示。管道基础的作用是将上述各种荷载均匀地传入地基，增加地基的稳定性，使管道保持正确的位置和高程。

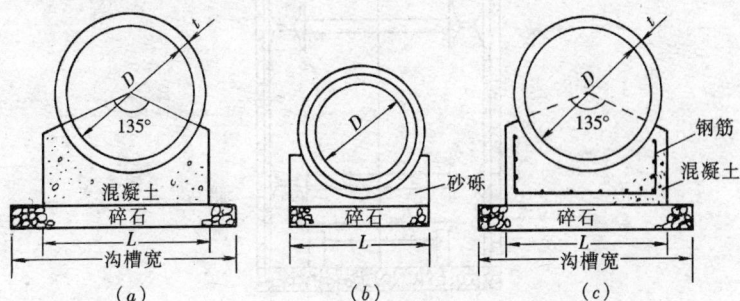

图7-2 管道基础图

（2）管道基础的种类

根据材料的不同，一般有煤碴或二碴基础、砾石砂或碎石基础、碎石垫层与水泥混凝土基础、碎石垫层与钢筋混凝土基础等。

管道基础是考虑与沟管联合受力的作用。管座（护管）的中心包角一般采用135°，当管径大、埋设深或土质差等特殊情况，经设计部门或建设单位同意，也可采用180°管座。

（3）管道基础的操作要点

1）在铺筑垫层前，认真复核基础底的土基标高、宽度和平整度，铲除淤泥、杂物和积水，原则上当天查验、整改、完成基础。

2）若遇土基不稳定或有流砂现象等，应采取措施加固后才能铺筑碎石垫层。应根据规定的宽度和厚度摊铺平整拍实，摊铺完毕后，应尽快浇筑混凝土基础。

3）侧模安装应根据管道检查井的中心位置，拉出中心线，用垂线和搭马控制模板的位置。见图7-3所示。

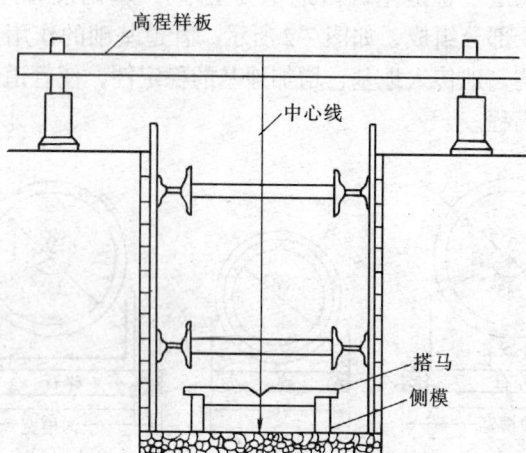

图7-3 基础立模示意图

4）槽深超过2m，混凝土基础浇筑必须采用串筒或滑槽倾倒混凝土，防止混凝土发生离析。

5）倒卸材料时，不得碰撞支撑结构物，车辆卸料时，应在沟槽边缘设置车轮限位木，防止翻车坠落伤人。

2. 管道铺设与接口

（1）管道铺设（排管）

1）排管时间的确定

排管时间的确定，应以混凝土达到一定的强度，在整个管道铺设过程中，不使混凝土基础受损为原则。一般应在超过设计强度的 50%～70% 时进行。

2）排管顺序

准备工作→下管→排管→接口（打腰箍）→闭水检验→护管（坞膀）

3）排管方法

排管的方法根据管径大小而定。大、中型的管道采用中心线法，小型管道采用边线法。不论何种方法，排管的方向一般应从下游向上游施工，承插管的承口（大头）应在上游方向。

①中心线法

中心线法以管道中心线作为控制排管基线的方法。具体做法：

A. 在相邻两检查井处高程样板上定出正确的管道中心线，并拉上一线，以示中心位置；

B. 排管时，在已拉线上垂直挂一垂球，与在管内经水平尺整平过的带有中心刻度的平尺板进行吻合，当垂球吊线与平尺板上的中心刻度吻合时，则沟管已居中。见图 7-4 所示；

C. 按照龙门板样板的测设方法，若上缘三点成一线时，则样板底与沟底一致，即表示沟管标高已符合要求。否则进行高低的调整；

D. 如此循序前进，直至该节管道排设完毕。

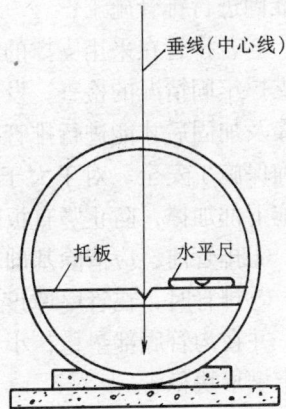

图 7-4　管道排管中心位置
控制示意图

②边线法

边线法以管道外边线作为控制排管基线的方法。具体做法：

A. 在相邻两检查井处高程样板上定出正确的管道中心线，并拉上一线，以示中心位置；

B. 管道中心线定出后，在该节管道的两端率先排两只沟管，其标高、方向和中心位置均符合设计；

C. 已排两管间拉一条定位外边线，其高度在管（承口）外壁 1/2 高度处，离管（承口）外壁 1cm，为使沟管移动时不致于碰线；

D. 按已拉边线为基准，其他管排管时只要使沟管外壁最外处与该边线的距离保持一致(1cm)，则表示管道已处于中心位置；

E. 高度按中心线法 C 进行；

F. 同中心线法 D。

4）排管的操作要点

①沟管成品应逐只检查，确保管材的质量。若发现质量问题应按有关规定处理。否则不能用于排管；

②排管前应复核龙门板、样板等标高，以及中心线位置。以便准确进行排管施工；

③若排管在采用支撑的沟槽内，则应先进行所排管道的净空和支撑牢固情况的检查，发现有挡道或松动的支撑，必须在替换支撑及加固后才能进行排管，且立即进行排管。以方便排管操作和确保施工安全。对于大于 $\phi1200mm$ 的沟管，应在排好后立即实施下部加撑，防止竖直板断裂或沟槽坍塌事故的发生；

④排管前，应清除基础表面、管口等处的污泥杂物或积水；

⑤排管时，在管壁厚度不均匀的情况下，应以管底标高为准。并在沟管底部垫稳，小于 $\phi600$ 的沟管，可采用 C15 预制混凝土楔形块稳管。

⑥排管须顺直，管底坡度不许倒落水，混凝土管和钢筋混凝土管铺设应符合允许偏差。

（2）管道接口

管道接口又称接缝、抹带，俗称打腰箍。

1）管道接口的分类

接口分刚性和柔性两种形式。刚性接口适用一般的排水沟管，柔性接口适用于土质差，有特殊要求的沟管。

①刚性接口

不允许接口处相邻管子有翘动和转动的接口为刚性接口。它有水泥砂浆（水泥与黄砂的比例为1:2）和 C20 钢筋细石混凝土成形的两种管道接口。

具体做法：先将沟管接口处洗刷干净并湿润，然后抹上接口材料；一般要求分两次成形，第一皮为"刮糙"，即毛坯，第二皮为"粉光"，即整形抹光；必须做到外光内实，与管壁粘结良好。接口施工完成后应用麻袋、草包覆盖进行湿治养护，防止开裂。对于企口或平口式沟管还须打内接口，如图 7-5 所示。

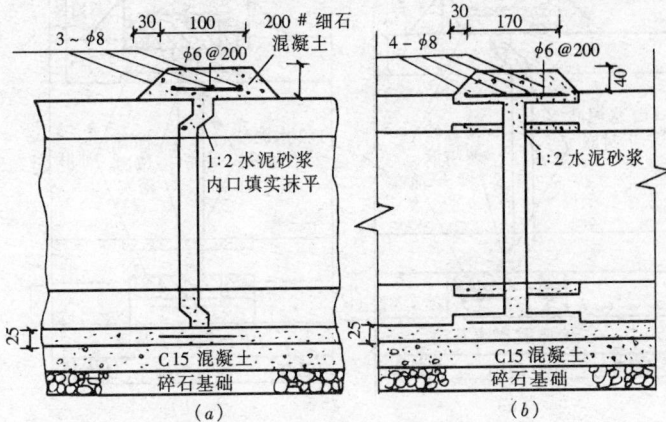

图 7-5　企、平口沟管刚性接口图

（a）企口沟管钢筋细石混凝土接缝；（b）平口沟管钢筋水泥砂浆接缝

②柔性接口

允许接口处相邻管子有一定范围的翘动和转动的接口为柔性接口。如图 7-6 所示。它是采用沥青麻丝（或油麻丝）与水泥砂浆（或钢筋细石混凝土）及沥青砂等组成。这种接口具有一定的柔性和强度，它适用于土质差，管道容易走动，受震地区及管内冲击力较大等地区。

2）管道接口的操作要点

①沟管接口处必须清洗干净，必要时应凿毛。

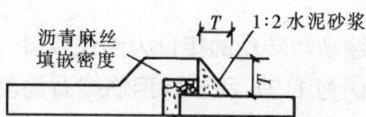

管径(D)	$\phi300$	$\phi500$
T（mm）	40	50

承插式沟管柔性接缝

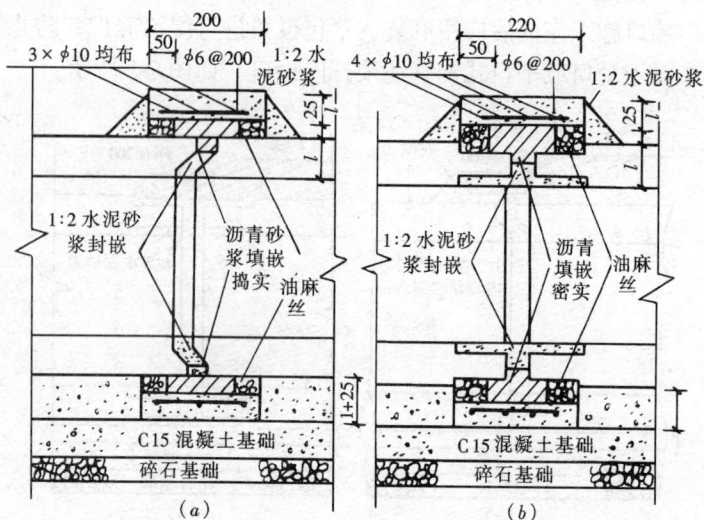

图 7-6　企、平口沟管柔性接口图

（a）企口沟管柔性接缝；（b）平口沟管柔性接缝

②接口完成后，及时进行质量检查，发现情况必须及时处理，情况严重时应凿除重打。

③用沥青麻丝嵌实缝隙时，如有污染管口和管壁应予以清除。

④建议钢筋混凝土承插管采用"O"形橡胶圈接口，钢筋混凝土企口管采用"q"形橡胶圈接口。有利于耐酸、耐碱、耐油的要求。

3. 护管

用来稳定和加固管道铺设后沟管的管座，称为护管或坞膀。一般采用水泥混凝土或钢筋混凝土将管道与基础联结成一体共同受力，其形式和规格已如前述。护管应在管道闭水检验合格后进行；无闭水检验要求的管道，应在管道接口施工完毕达到一定强度后进行。

护管的操作要点：

①立模与浇筑混凝土前，必须严格清除混凝土基础表面和沟管壁的污泥及垃圾，混凝土基础面层不得积水。

②企口沟管采用有筋细石混凝土接口，在浇筑混凝土前，应先按设计要求放置钢筋网，做钢筋混凝土护管时，其立模和钢筋配置均应正确无误，并控制好保护层。

③护管模板应沿混凝土基础边垂直支立，模板应具有一定的强度和刚度，以便于装拆和多次使用。拼装后应缝隙紧密，支撑牢固，并符合结构尺寸要求。

④沟槽较深时，应采用串筒卸运混凝土，并用插入式振动器振实，管道两侧混凝土应对称同步浇捣，防止沟管由于单面受力而走动。

⑤护管高度大于 30cm 时，混凝土要分层浇捣，每层厚度不得大于 30cm，以提高混凝土浇捣的密实度，使混凝土强度达到设计要求。

⑥护管混凝土的斜角表面应拍平抹光。

(五) 支撑拆除与沟槽回填土

1. 拆除撑板的方法

(1) 对于横撑式木质和钢围图的支护

拆除撑板时应与回填土夯实工作紧密配合交替进行，自下而上地逐段分层拆除，分层填夯。做到随拆随覆土。在拆板层距过大时，应经过替换板的工艺，边替边拆。拆除管顶以上的横撑板时，每次不得超过两块，管顶以下不得超过三块。替板中，铁撑柱应该绞紧不能松动，并把拆板、填土和夯实三者密切结合起来，切不可只拆不填或只填不夯。拆除支护时应注意保护沟管，避免损坏。

遇到支护临近有建筑物时，接近路面的 2～3 块横板应留撑一段时间，待沟槽内土体基本沉实稳定后再予拆除。以免过早拆除造成地面开裂，影响建筑物。

（2）对于竖撑式的支护

它虽然不需要拆撑板，但在回填土夯实的同时应与支撑杆的拆除紧密配合，交替进行，自下而上地逐段分层填夯，依次拆除。做到随覆土随拆除。

对于竖撑式中需要回收的支护，如钢板桩、钢管桩等，不能在拆填完成后，急于拔走竖撑支护材料，待沟槽内土体基本沉实稳定后再予拔起。以免过早拆除造成地面开裂、下沉等。

2. 沟槽回填土夯实的方法

沟槽回填土分人工和机械两种操作，不论采取那种方法，填土前必须清除槽底杂物，沟槽内积水，严禁带水覆土，不得将淤泥、腐殖土、冻土及有机物质进行回填。管壁两侧部位填土时，应对称填筑，每层填筑高度应在 15～20cm，分层夯实。两边高差不得超过 30cm，以防管道位移。卸土不得直接卸在管道接口上。在管顶以上 50cm 范围以内，每层厚度不宜超过 30cm（松厚），同样必须分层夯实整平，宜用小型夯土机具进行夯实，以防损坏管道接口。当回填土高度超过管顶以上 1.5m 时，方可使用碾压机械进行碾压。

（六）开槽埋管施工的质量要求

根据建设部颁布的中华人民共和国行业标准《市政排水管渠质量检验评定标准》（CJJ3—1990），对沟槽、平基、管座、安管、接口等都有明确的施工质量标准。

1. 沟槽

(1) 严禁扰动槽底土壤，如发生超挖，严禁用土回填。

(2) 槽底不得受水浸泡或受冻。

(3) 沟槽允许偏差见表 7-2。

沟槽允许偏差　　　　　　　　　　表 7-2

序号	项　目	允许偏差 (mm)	检验频率		检验方法
			范　围	点数	
1	槽底高程	0、－30	两井之间	3	用水准仪测量
2	槽底中线每侧宽度	不小于规定	两井之间	6	挂中心线用尺量，每侧计3点
3	沟槽边坡	不小于规定	两井之间	6	用坡度尺检验，每侧计3点

2. 平基、管座

平基、管座允许偏差见表 7-3。

平基、管座允许偏差　　　　　　　表 7-3

序号	项　目		允许偏差 (mm)	检验频率		检 验 方 法
				范围	点数	
1	△混凝土抗压强度		必须符合附录规定	100m	1组	必须符合附录规定
2	垫层	中线每侧宽度	不小于设计规定	10m	2	挂中心线用尺量每侧计3点
		高程	0、－15mm	10m	1	用水准仪测量
3	平基	中线每侧宽度	＋10mm、0	10m	2	挂中心线用尺量每侧计3点
		高程	0、－15mm	10m	1	用水准仪测量
		厚度	不小于设计规定	10m	1	用尺量
4	管座	肩宽	＋10mm、－5mm	10m	2	挂边线用尺量每侧计1点
		肩高	±20mm	10m	2	用水准仪测量每侧计1点
5	蜂窝面积		1%	两井之间（每侧面）	1	用尺量蜂窝总面积

表中附录指的是《混凝土强度检验评定标准》(GBJ107—1987)。

3. 安装管道（管道敷设）

（1）管道必须垫稳，管底坡度不得倒流水，缝宽应均匀，管内不得有泥土、砖石、砂浆、木块等杂物。

（2）安管（管道敷设）允许偏差见表 7-4。

安管（管道敷设）允许偏差　　表 7-4

序号	项 目		允许偏差（mm）	检验频率		检 验 方 法
				范 围	点数	
1	中线位移		15	两井之间	2	挂中心线用尺量
2	△管内底高程	D < 1000mm	± 10	两井之间	2	用水准仪测量
		D > 1000mm	± 15	两井之间	2	用水准仪测量
		倒虹吸管	± 30	每道直管	4	用水准仪测量
3	相邻管内底高程	D < 1000mm	3	两井之间	3	用尺量
		D > 1000mm	5	两井之间	3	用尺量

注：1. $D < 700mm$ 时，其相邻管内底错口在施工中自检，不计点。

2. 表中 D 为管径。

4. 接口

（1）承插口或企口多种接口应平直，环形间隙应均匀，灰口应整齐、密实、饱满，不得有裂缝、空鼓等现象。

（2）抹带接口应表面平整密实，不得有间断和裂缝、空鼓等现象。

（3）抹带接口允许偏差见表 7-5。

抹带接口允许偏差　　表 7-5

序 号	项目	允许偏差（mm）	检验频率		检 验 方 法
			范 围	点数	
1	宽度	+ 5、0	两井之间	2	用尺量
2	厚度	+ 5、0	两井之间	2	用尺量

5. 回填

（1）在管顶 500mm（山区 300mm）内，不得回填大于 100mm

的石块、砖块等杂物。

（2）回填时，槽内应无积水，不得回填淤泥、腐殖土、冻土及有机物质。

（3）回填土的压实度标准见表7-6。

回填土的压实度标准 表 7-6

序号	项目			压实度(%)（轻型击实试验法）	检验频率		检验方法
					范围	点数	
1	胸腔部分			>90	两井之间	每层一组（3点）	用环刀法检验
2	管顶以上 500mm			>85	两井之间	每层一组（3点）	用环刀法检验
3	管顶500mm以上原地面	当年修路（按路槽以下深度计）	0~800mm	高级路面 >98	两井之间	每层一组（3点）	用环刀法检验
				次高级路面 >95			
				过渡式路面 >92			
			800~1500mm	高级路面 >95			
				次高级路面 >90			
				过渡式路面 >90			
			>1500mm	高级路面 >95			
				次高级路面 >90			
				过渡式路面 >85			
		当年不修路或农田		>85			

注：1. 本表系按道路结构形式分类确定回填土的压实度标准。

2. 最佳压实度检验办法见《市政排水管渠质量检验评定标准》（CJJ3—1990）附录四。

3. 高级路面为水泥混凝土路面、沥青混凝土路面、水泥混凝土预制块等。

次高级路面为沥青表面处理路面、沥青贯入式路面、黑色碎石路面等。

过渡式路面为泥结碎石路面、级配砾石路面等。

4. 如遇到当年修路的快速路和主干路时，不论采用何种结构形式，均执行上列高级路面的回填土压实度标准。

（七）现浇钢筋混凝土箱涵施工

随着大型排水管道的应用，圆形管的加工、运输、起重安装以及施工成本，将越来越显示出它的不足，不得不由现浇钢筋混凝土箱涵进行替代。尤其是特殊环境，局部地区，本身就无法进行圆形管道施工的话，更显示出现浇钢筋混凝土箱涵的优越。

现场浇制钢筋混凝土箱涵，一般有拱形管和矩形管两种，管道的孔数有单孔和双孔形式。

1. 现场浇筑钢筋混凝土矩形管

（1）施工流程

施工准备→施工排水→沟槽施工（包括沟槽支护）→铺筑垫层→浇筑素混凝土底基础→浇筑钢筋混凝土基础→绑扎底板和第一次侧墙钢筋→支立第一次侧墙内外模→浇筑底板和第一次侧墙混凝土→支立箱涵内模→绑扎侧墙钢筋→支立侧墙外模→浇筑侧墙混凝土→铺筑顶板底模→绑扎顶板钢筋→浇筑顶板混凝土→拆除侧墙外模→拆除侧墙内模及顶板底模→支护拆除→沟槽回土。

（2）施工注意事项

从上述的流程内容看，其操作工艺基本上在其他章节中已有所介绍，这里不再重述。但有关施工注意事项供参考。

1）施工准备必须进行施工现场的核查，编制切实可行的施工组织设计，在人员组织、材料供应和施工机具的准备同时，根据设计图纸进行施工测量，定出管道中心线、高程和内净宽度等。

2）由于箱涵矩形管道断面较大，埋设较深，其沟槽相应也开挖得很深很宽，则就需要配备具有足够强度和刚度的支撑设备，以确保在安全的条件下进行施工。

3）因为管道沟槽又深又宽，对地质的跨度也大，遇到复杂地质或较差地质的可能性也就大。常常会发生塑流或管涌现象，甚至发生滑坡现象。因此，一定要采取必要的技术措施，减少土体的扰动，确保沟槽部位土体稳定。同时对挖出的土方，堆放应远离沟槽的滑裂面外，与沟槽边保持一定距离，减小荷载量（必要时应卸载），以确保沟槽土体的稳定。

4）管道浇灌工作应采取逐节流水作业。在底板和顶板混凝土灌筑中，不得留竖向施工缝。墙身水平缝的位置，应设在底板腋角斜面上口和顶板腋角斜面下口弯矩最小处。

5）在管节接缝处，应做好钢筋混凝土枕梁、止水带和伸缩缝等连接措施，以防渗漏和不均匀沉降。

6）非承重的底板与侧墙混凝土强度达到设计强度的 25%，并达到 2.5MPa 以上时，并能保证其表面和棱角不受损坏时，可以拆除其模板；承重的顶板模板，其跨度≤2m 时，混凝土强度必须达到设计标号的 50% 以上才可拆除；跨度在 2~8m 者，混凝土强度必须达到设计标号的 75% 以上才可拆除。

2. 现场浇制钢筋混凝土拱形管

现场浇制钢筋混凝土拱形管与矩形管的差别在于其顶板是采用拱形结构。因此，它的施工除用预制钢筋混凝土板桩替代其他形式的支护外，无多大区别。在此仅介绍钢筋混凝土板桩共同作用的现浇钢筋混凝土拱形管。如图 7-7 所示。

钢筋混凝土板桩共同作用的现浇钢筋混凝土拱形管主要特点：

（1）率先打入地面的预制钢筋混凝土板桩，既作为开挖土方、进行结构施工时的支护结构使用，又是永久结构的一部分。

（2）施工中可免去拔桩及支立外模等复杂工序，若结合滑模工艺，更能显示其快速、安全的优越性。

（3）施工中，将从板桩内侧撬出事先预埋在板桩槽内的钢筋，与侧墙钢筋、底板钢筋绑扎在一起（板桩与现浇箱涵连接成整体）。这就体现了其整体性好。另外，在板桩内开挖，整体浇筑，形成每隔一定距离设一个变形缝的整体管道，能抵抗一定的变形。

（4）使用此方法，对土体扰动小，地面沉陷大为减少，也就

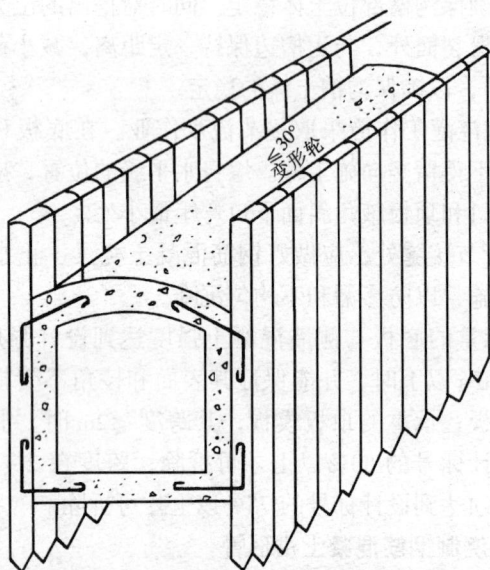

图 7-7　钢筋混凝土板桩共同作用的
现浇钢筋混凝土拱形管

减少了对周围构筑物的影响，尤其适用在软土地基中施工。

（八）围堰和倒虹管的施工

1. 围堰施工

（1）一般知识

在河中或河边施工，往往采用围堰筑坝的措施，形成隔水环境。如管道出口等构筑物的施工，常修筑围堰（筑坝）来避免水中作业。

围堰（筑坝）的范围，断面大小，包括长度、深度、高度、宽度等的确定，要考虑到将要施工结构的状况，通航情况，河道在该地区的水利位置，河床地形与水深，水位和流速的变化，以及坝体完成后对流速、河床的冲刷、防汛、农业灌溉等的影响。

一般筑坝区域应满足坑壁放坡和基础施工要求，如有护底结构，则应一并考虑在内；选定围堰坝长度时，还应留出必要时增筑腰坝的位置；坝顶标高应高出施工期间可能出现的最高水位50cm。

坝的断面应能满足坝身强度和稳定的要求，防止滑动和倾覆。筑坝前应将坝底河床上的树根、石块、淤泥和杂物等清除。坝体与原河岸结构交接处是极易渗漏部位，为此，应适当加大该处坝体宽度，若是有桩坝则可在其外侧增筑草包"燕子窝"，"燕子窝"内填黏土或粉质黏土，必要时可加筑腰坝。如图7-8所示。

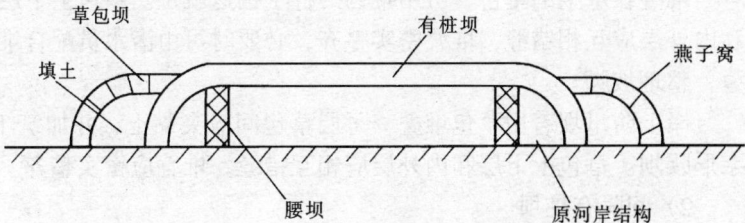

图7-8　河岸围堰（筑坝）示意图

围堰（筑坝）要求必须防水严密。因此，填筑坝体的土，宜用松散的黏土或粉质黏土，不得使用含有树根，草皮和有机物质的土。

围堰的拆除，务必井然有序，防止水上作业安全事故的发生。有桩坝的拆除应先挖土方（不得将土方抛至河中，影响航道），然后拆除拉条，卸掉围图，将桩拔光，最后清除坝根。无桩坝亦必须清除坝根。

（2）坝的形式

1）土坝及草包坝

水深2m以内和流速≤0.5m/s时可筑土坝，水深3m以内和流速≤2m/s时可筑草包坝。

坝的断面应符合下列规定

①土坝：坝顶宽一般为1m，坝外边坡度一般为1:2～1:3，

坝内边坡度一般为 1:1～1:1.5；坡脚至基坑边缘距离根据河床土质及基坑深度而定，但不得小于 1m。

②草包坝：坝顶宽一般为 1.5m，坝外边坡度视水深及流速而定，一般为 1:1.5，坝内边坡度一般为 1:1；坡脚至基坑边缘距离根据河床土质及基坑深度而定，不得小于 1m。

填土出水面后应进行夯实，草包内装土量一般为草包容量 1/2～1/3，袋口应折叠，并用麻线或细铁丝缝合。

土坝应自上游开始填筑至下游合拢。因筑土坝引起水流流速增大情况下，可用草包、柴排等加以防护。

堆叠在水中的草包，可用带钩的杆子钩送就位。草包上下层和内外层应互相错缝，堆叠密实整齐，必要时可由潜水员配合堆叠，整理坡脚。

岸上防汛坝若用草包堆叠，每层草包间应夹黏土，并加筑 T 字形腰坝。草包上下层和内外层应相互错缝，堆叠应密实整齐。

2）间隔有桩坝

水深在 3～5m 时，或水深虽小于 3m 但受客观环境限制的情况下，可采用间隔有桩坝，有桩坝可用桐木桩或槽钢拼成的组合式钢桩。

间隔有桩坝的宽度应按照坝的坡脚宽度布置，一般不小于 2.5m。桩的间距应根据桩的边长或直径大小、入土深度、坝的高度、水的流速、土质情况等因素而决定，一般净距不大于 0.75m。桩的入土深度应根据河床坡度和水深而定，一般入土部分与出土部分为桩长的 1/2。各桩应由横围图连成整体，拉条应设在横围图上。拉条可用对销螺栓或多根 φ6 钢筋组成的钢筋拉条。拉条的间距应根据计算后确定，必须做到安全可靠。

3）钢板桩坝

在水流速度大于 2m/s，河床坡度较陡、水较深，以及保证通航等情况下宜采用钢板桩坝（槽钢或拉伸钢板桩）。

钢板桩坝的宽度应根据水深来决定，一般不小于 3m。在打槽钢或拉伸钢板桩时，其接口（缝）应咬合，不得离缝。钢板桩打完后，在未填土前应先上好围图与拉条，必要时可用钢丝绳拉到岸上，用地拢或缆风桩锚固。拉条应牢固可靠地连系在横向围图上（拉条和围图的材料，以及拉条的间距与数量应通过计算确定），使打下的钢板桩成为一个整体。

紧贴钢板桩坝的内壁应挂好类似草包、土工布等防止土壤流失的材料，下端应悬重，使之达到河床底面而不致飘浮。坝身填土不能一次填足，应间隙填筑，利用河水浸泡，泥土逐层沉实，更不能当即合拢，以免引起坝身倾倒。

钢板桩坝体在拉条处极易漏水，为防止漏水，拉条宜采用对销螺栓，穿孔处采用橡胶垫片止水，在拉条处所填土方宜用黏土夯实，并随时检查修理堵塞漏水处。

需要筑腰坝的位置，里档不可放长围图。宜适当预留空档，以防止腰坝在沿围图处渗漏。腰坝的搭筑应符合加固坝体的有关要求。

2. 倒虹管的施工

当排水管道遇到河流、水涧、铁路或地下建筑物，管道不能按原有设计标高穿过时，可将管道降低到障碍物下面穿越后升起，这样由进水井、下降倾斜部、中部和上升倾斜部、出水井等组成的管道，称为倒虹吸管，如图 7-9 与图 7-10 所示。

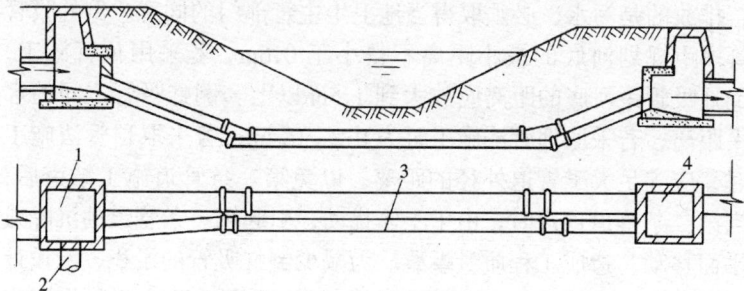

图 7-9　倒虹管
1—进水井；2—事故排放口；3—管道；4—出水井

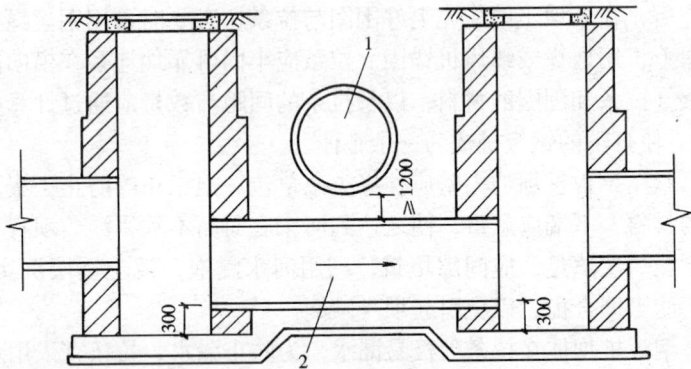

图 7-10　倒虹式管道交叉

倒虹吸管的材料，采用钢管、铸铁管或钢筋混凝土管。倒虹吸管内的水流是依靠倒虹吸管进出口的水位差而流动的，即为压力流（一般排水管道为重力流），因此，上游检查井内的水位必须高于下游检查井内的水位。为了防止淤塞，倒虹吸管的管径不应小于 150mm，流速应大于 0.9m/s。

穿越河道的倒虹吸管一般不少于两条，在通过谷地、旱沟或小河时，可采用一条。在倒虹吸管的上游检查井中，宜设置事故排放口，以备在检修倒虹管时，将上游来的水流直接排入河道，若排放的是污水，必须取得当地卫生主管部门的同意。倒虹吸管管顶距规划河底的最小距离不得小于 0.6m。若采用顶管施工，倒虹吸管距河底的距离应放大到 1.5m 以上。倒虹吸管之间的水平距离，若采取埋管法施工时为 0.2～0.4m；若采取顶管法施工时，应满足大于管道外径的距离，以免第一条管道施工结束后，当第二条管道顶进时，由于土体扰动，引起第一条管道的沉降或平面移动，造成工程质量事故。为减少倒虹吸管的淤积，除设计上考虑有一定的流速外，还需在进水井前的一只检查井作落底井，以截断污泥。倒虹吸管施工复杂，养护困难，造价较高，应尽量避免。

确定倒虹吸管路线时，应尽可能与障碍物正交通过，以缩短倒虹吸管的长度，并应选择土质条件较好，不受冲刷的地段设置，必要时还应采取防冲措施。

倒虹吸管的施工方法，通常有埋管法、沉管法、顶管法等，应根据不同的施工条件选用。

（1）埋管法

当倒虹吸管穿越河流，河面较窄，管道埋设深度较浅，而河道可以筑坝断流时，可在倒虹吸管的两侧筑拦河坝，将河水抽干，然后采用埋管法施工。有关坝型的选择、断面大小的确定等在围堰施工部分已有叙述。

若河道上游来的水源较大，则应排设临时管或开挖通道排放，以确保坝身安全。

倒虹吸管两侧筑坝完毕后，抽干河水，清除石块、淤泥和杂物，挖土至原状土，若挖土较深应进行支撑，倒虹吸管的基础、排管、接口、闭水、护管及覆土等工序均参照开槽埋管操作要求进行施工。在此务必注意的是管道的抗浮。防止河道拆坝放水后管道浮起。必要时，倒虹吸管外壁浇筑素混凝土环包层，达到保护倒虹吸管，满足抗浮需要。

（2）沉管法

当在不能筑坝断流河道中施工倒虹吸管时，可采用沉管法敷设倒虹吸管。它是将需要敷设的管道，通过浮运或吊运的办法，送到指定的河面上，进行下沉，使管道就位于预先在河床开挖好沟槽的设计管位上。

水下开挖沟槽，可根据不同的地质条件，分别采用水下开挖法（如使用抓斗式挖泥船挖土、水力机械冲吸等等）、水下爆破法等，并由潜水员配合整理和测定槽底标高。

沉管法使用管材较多的是钢管，但需作内外防腐处理；当然也有用铸铁管或混凝土管的。

管道的基础材料常以砂砾石为主，或在已铺的块石上铺垫砂砾石。当然也有用水下混凝土作基础的。

管道的水下接口工作较复杂，施工中尽量将接口在地面上完成，以减少或避免水下作业。水下接口形式较多，如法兰接口、伸缩法兰接口、夹箍接口、柔性套箍接口、承插式柔性接口、球形接口等等，具体可根据设计要求实施，一般要由有熟练操作技术的潜水员进行作业。

下沉一般先在陆上把管道拼接到一定的长度，封闭管端，然后拖运下水，浮运到设计管位处进行定位校正，而后慢慢灌水下沉，直至进入已开挖好的沟槽内。当管道本身浮力不足时，则可在管道两侧增设浮筒。

吊装法沉管采用起重设备或起重浮吊吊装下水就位。

同样，管道沉入沟槽内正确就位后，应及时用材料回填到要求的复盖层厚，以满足管道保护和抗浮的要求。

（3）顶管法

当倒虹吸管穿越地下管线、构筑物等障碍物，而不能开挖的情况下，以及河道较宽，倒虹吸管深度较深时，宜采用顶管法进行倒虹吸施工。

一般情况下，在出水井位置设置顶进工作坑，在进水井位置设置接收工作坑，即管道由出水井向进水井方向顶进。管道顶进的坡度，由进水井向出水井方向落水。为防止河水穿透倒灌，顶管的工作坑与接收坑应与河岸保持一定的安全距离。

（九）管道闭水（磅水）试验

闭水试验是管道在一定的水头作用下，能否达到规定容许渗漏量的一种检验方法。是施工管道隐蔽工程检验的一个重要项目。

1. 闭水（磅水）试验的一般规定

（1）污水管道、雨污水合流管道、倒虹吸管、设计要求的其他排水管道，必须作闭水试（检）验，其频率及水位见表7-7。

（2）接口为水泥砂浆的管道完成后，要在接缝材料达到一定强度，方可进行闭水检验；

接口为橡胶密封止水圈柔性接口的管道完成后，在橡胶密封止水圈正确就位后，方可进行闭水检验。

排水管道闭水试验允许偏差　　表 7-7

序号	项　目		允许偏差（mm）	检验频率		检验方法
				范　围	点数	
1	倒虹吸管		不大于表 7-8 的规定	两井之间	1	灌水
2	其他管道	$\Delta D < 700\text{mm}$		两井之间	1	计算渗水量
		$\Delta D = 700 \sim 1500\text{mm}$		每 3 个井段抽验 1 段	1	
		$\Delta D > 1500\text{mm}$		每道直管	1	

注：1. 闭水试验应在管道填土前进行。

2. 闭水试验应在管道灌满水后经 24h 后再进行。

3. 闭水试验的水位，应为试验段上游管道内顶以上 2m。如上游管内顶至检查口的高度小于 2m 时，闭水试验水位口至井口为止。

4. 对渗水量的测定时间不少于 30min。

5. 表中 D 为管径。

（3）管道直径 ≤ ϕ800mm 的管道，采用磅筒进行闭水试验；管道直径 ≥ ϕ1000mm 的管道采用窖井进行闭水检验。

（4）试验前加水试闭 20min，待水位下降稳定后，正式进行闭水试验。加水至标准高度，观察水位下降值，计算 30min 水位下降平均值。

（5）排水管道闭水试验允许渗水量见表 7-8。

排水管道闭水试验允许渗水量　　表 7-8

管径（mm）	允许渗水量			
	陶　土　管		混凝土管、钢筋混凝土管和石棉水泥管	
	$\text{m}^3/(\text{d}\cdot\text{km})$	$\text{L}/(\text{h}\cdot\text{m})$	$\text{m}^3/(\text{d}\cdot\text{km})$	$\text{L}/(\text{h}\cdot\text{m})$
150 以下	7	0.3	7	0.3
200	12	0.5	20	0.8
250	15	0.6	24	1.0
300	18	0.7	28	1.1

管径 (mm)	允 许 渗 水 量			
	陶 土 管		混凝土管、钢筋混凝土管 和石棉水泥管	
	m³/（d·km）	L/（h·m）	m³/（d·km）	L/（h·m）
350	20	0.8	30	1.2
400	21	0.9	32	1.3
450	22	0.9	34	1.4
500	23	1.0	36	1.5
600	24	1.0	40	1.7
700	—		44	1.8
800	—		48	2.0
900	—		53	2.2
1000	—		58	2.4
1100	—		64	2.7
1200	—		70	2.9
1300	—		77	3.2
1400	—		85	3.5
1500	—		93	3.9
1600	—		102	4.3
1700	—		112	4.7
1800	—		123	5.1
1900	—		135	5.6
2000	—		148	6.2
2100	—		163	6.8
2200	—		179	7.5
2300	—		197	8.2
2400	—		217	9.0

2. 管道闭水试验的操作顺序

（1）磅筒闭水试验的操作顺序

1）封堵闭水试验管道的两端。见图 7-11 所示。φ2.5cm 进水铁管设置在下游封墙的上侧，出气孔在上游封墙边的管顶。

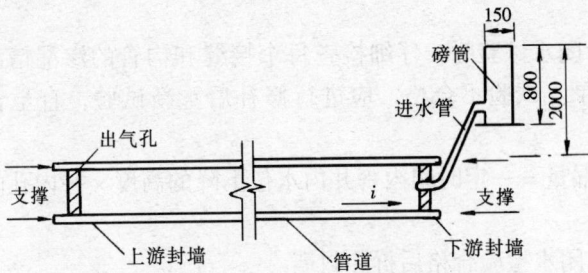

图 7-11 磅筒闭水检验的示意图

2）把磅筒置于下游管道的上方，使磅筒口到管顶的高度等于磅水水头，用橡皮管连接磅筒与下游封墙上的进水口铁管。

3）向磅筒内加水，待上游出气孔有水喷出时，用木塞塞住该孔。

4）闭水试验时，仔细检查每个接缝和沟管的渗漏情况，并作好记录。试验不合格，应进行修补后重新试验，直至合格为止。

5）闭水检验合格后拆除封墙。

(2) 窨井闭水试验的操作顺序

1）将闭水检验的管道接通相邻两只窨井，也可接通一只窨井，并封堵管口，以窨井代替磅筒进行闭水检验。见图 7-12 所

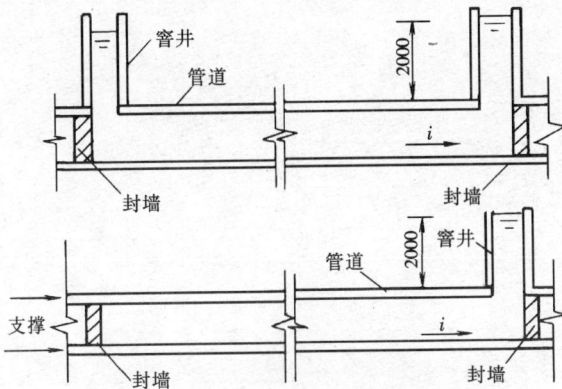

图 7-12 管道窨井磅水示意图

195

示。

2）闭水试验时，仔细检查每个接缝和沟管的渗漏情况，并作好记录。试验不合格，应进行修补后重新试验，直至合格为止。

渗漏量 = 一定时间内窨井内水位下降的高度 × 井内孔的断面积

3）闭水检验合格后拆除封墙。

八、砌筑和砖石结构

（一）砌体种类

砌体由砌筑材料与砌体材料通过适当的砌筑工艺所形成的结构物。

砌体的种类根据所用砌体材料的不同有砖砌体、石砌体等。砖砌体的砌体材料主要是砖，石砌体的砌体材料主要是石料。

砌体按砌筑的方式不同有浆砌、干砌及勾缝与否之分。浆砌砌体其砌块之间用砂浆的砌筑材料胶结并填满；干砌砌体其砌块间无砌筑材料，基本是垒砌，靠砌块相互搭接咬扣而成。

砌体按砌成的结构类型分，有墙体、拱体、锥体、柱体、坡体等。对砖墙体还有一砖墙、二砖墙及多砖墙之分。

对于下水道工程的砌体，柱体的较少，多为墙体、拱体，出口处多为锥体、坡体等。

（二）砌筑材料

砌筑材料是砌体中的一个重要组成部分。工程中的砌筑材料有黏土、石灰黏土拌合料、水泥黏土拌合料、石灰砖灰拌合料、砂浆拌合料等等。下水道施工中用得最多的是水泥砂浆拌合料。

1. 砂浆的作用及种类

（1）砂浆在砌体中的作用

砂浆能把砌块材料（如砖、石、石块、混凝土预制块等）胶结成一个整体，确保砌体的稳定，形成砌体的强度。同时，它又是砌块间缝隙的填充料，使砌体受力均匀，增强砌体的防水和抗冻能力。其次，起到承受和传递压力的作用。砂浆一旦使用在砌体外表勾缝或抹面时，将起到装饰和保护作用，使砌体结构不受雨、霜、风、雪、日晒或其他有害物质的侵蚀，达到美观、保温、隔热、隔声和抗渗等效果。

（2）砂浆的种类

砂浆按用途分为砌筑与抹灰两类。按使用的胶凝材料又分为气硬性（如石灰砂浆）及水硬性（如水泥砂浆）两种。此外还有介于这两者间的混合砂浆，即在水泥砂浆中加入石灰膏或黏土膏之类的混合料。下水道的地下构筑物一般采用水泥砂浆，在泵房上部建筑等也有采用石灰砂浆或混合砂浆等。

用于砖石砌体的砂浆是按强度来命名的。常有 4 号、10 号、25 号、50 号、75 号、100 号等。用于抹灰的砂浆是按所用材料配合比来命名的，水泥砂浆有 1:2、1:2.5、1:3；石灰砂浆有 1:3、1:4；混合砂浆有 1:1:4、1:1:6 等。

2. 砂浆的技术性能

砌筑砂浆由无机胶凝材料（水泥、石灰或石膏等）、水与细骨料（砂子）等组成。有关混凝土的一些技术特性（如流动性，收缩变化及强度理论等）同样适用。但对砂浆强度要求不高，抗压强度一般为 $10 \sim 100 \text{km/cm}^2$。它要求砌筑时应具有良好的和易性，硬化后具备足够的强度，才能真正达到它应有的作用。

砂浆的和易性是指砂浆在砌筑时易于操作，在砖、石、预制块等砌块面上能容易铺设成均匀、连续的薄层，并能与砌块面良好接触和紧密粘结的性能。这就由砂浆的流动性和保水性给予体现。

（1）砂浆的流动性

流动性也称稠度，是指砂浆在自重或外力作用下，易产生流动的性质。稠度大的砂浆表示流动性好。砂浆的流动性，现场根据操作经验来掌握；在实验室里，则用沉入度表示。各类砌体的稠度可参照表8-1执行。

各类砌体稠度值 表 8-1

砌体类别	干热气候或多孔材料	寒冷气候或密实材料
砖砌体	8~10	6~8
毛石砌体	6~7	4~5
炉渣混凝土砌体	7~9	5~7

（2）砂浆的保水性

砂浆的保水性，是指砂浆内的水分与胶凝材料及细骨料分离快慢的性能。一般用"分层度"表示。

砂浆在放置过程中砂子会慢慢下沉，水将离析至上层，则上、下层的稠度就有所不同，用标准的测定方法测出其两层间的差别程度，称为分层度。

在砂浆中掺入石灰膏、黏土膏等，可提高砂浆的保水能力，但须注意，这将使砂浆强度有所下降，故应严格控制其掺入量。

（3）砂浆强度

砂浆的强度用强度等级表示，主要指抗压强度。它与混合料配合比准确、砂的规格、颗粒级配、含泥程度和质量等因素有关。其测试的方法是用边长为 7.07cm 的立方体试模，制成三块试块，在标准条件下养护 28 天，然后进行试压，以平均强度定出其强度等级。如 M2.5 砂浆，则表示能承受 2.5MPa 的压力。

3．砂浆的配制

（1）配合比

砂浆中各种材料掺合数量的比例称砂浆配合比。不同强度等级的砂浆采用不同配合比的原材料拌制而成，目前使用的砌筑砂浆配合比都是重量比，抹灰砂浆采用体积比。

配合比由试验室根据水泥强度、砂子级配、塑化剂种类试配而定，砂一般采用中砂，细砂不宜单独使用，只是掺合在砂内搭配使用。含泥量大的砂应及时冲洗干净再后使用。砂内杂质含量不能过多，否则也会影响砂浆强度。表 8-2 系砌筑砂浆级配参考表。

表 8-2

砌筑砂浆级配参考表

序号	强度等级	重量配合比								塑化剂(%)	稠度(cm)	水泥用量(kg/m³)
		水泥	电石泥	黏土膏	石灰膏	黄砂	石膏	模型砂	烟灰			
1	M10	1.0	—	—	—	2.5	2.5	—	0.6	—	8~10	260
2		1.0	—	—	—	2.5	2.5	2.0	0.4	—	8~10	285
3		1.0	—	—	—	—	3.0	1.5	—	0.5	7~9	300
4		1.0	0.4	(0.3)	(0.3)	4.8	—	2.0	—	—	7~9	301
5		1.0	0.4	(0.3)	(0.3)	—	2.5	—	—	—	7~9	301
6		1.0	—	—	—	4.5	—	—	—	—	7~9	301
7	M7.5	1.0	—	—	—	2.8	—	2.8	0.6	—	8~10	230
8		1.0	—	—	—	3.0	2.8	2.2	0.6	—	8~10	228
9		1.0	—	—	—	—	3.0	—	—	0.5	7~9	245
10		1.0	—	—	—	5.6	—	2.2	—	—	7~9	243
11		1.0	0.5	(0.3)	(0.3)	—	3.0	—	—	0.4	7~9	235
12		1.0	0.6	(0.3)	(0.3)	2.8	3.0	—	—	0.4	7~9	235
13		1.0	0.6	(0.3)	(0.3)	5.2	—	—	—	—	7~9	235
14	M5	1.0	—	—	—	4.0	—	4.0	0.8	—	8~10	170
15		1.0	—	—	—	—	5.0	2.0	—	1.0	7~9	180
16		1.0	—	—	—	7.0	—	—	—	1.0	7~9	180
17		1.0	0.7	(0.4)	(0.4)	—	5.0	2.0	—	0.8	7~9	175
18		1.0	0.7	(0.4)	(0.4)	5.0	—	2.0	—	0.8	7~9	175
19		1.0	1.0	(0.6)	(0.6)	3.6	3.8	—	—	0.8	7~9	175
20		1.0	1.0	(0.4)	(0.4)	7.0	—	—	—	0.8	7~9	175

続表 续表

| 序号 | 强度等级 | 重量配合比 | | | | | | | | 塑化剂 (%) | 稠度 (cm) | 水泥用量 (kg/m³) |
		水泥	电石泥	黏土膏	石灰膏	黄砂	石膏	模型砂	烟灰			
21	M2.5	1.0	1.8	(1.45)	(1.45)	6.0	6.0	—	1.0	—	8~10	100
22		1.0	1.8	(1.4)	(1.4)	6.0	—	5.0	1.0	—	8~10	100
23		1.0	1.0	(0.8)	(0.8)	5.0	5.0	—	—	1.5	7~9	125
24		1.0	0.8	(0.7)	(0.7)	—	6.0	4.0	—	1.5	7~9	125
25		1.0	0.8	(0.7)	(0.7)	6.0	—	4.0	—	1.5	7~9	125
26		1.0	0.8	(0.7)	(0.7)	10.0	—	—	—	1.5	7~9	125
27	M1	1.0	4.0	(2.2)	(2.2)	—	8.55	7.65	—	2.0	7~9	85
28		1.0	4.0	(2.2)	(2.2)	—	8.6	7.70	—	2.0	7~9	85
29		1.0	5.0	(2.8)	(2.8)	—	13.0	12.0	1.0	—	8~10	50
30		1.0	3.0	(1.8)	(1.8)	17.0	—	—	—	—	8~10	80

注：1. 砂浆中掺用塑化剂的重量是以单位水泥用量的百分比计算；

2. 石灰膏、黏土膏一栏内有（），是指在电石泥缺货时，以石灰膏、黏土膏代用的规定数量，不是三种材料同时掺用；

3. 石屑粒径为0~6mm，无石屑时可全部使用黄砂，其重量不变（石屑要求含粉量不大于25%为宜）；

4. 本表内水泥的强度为32.5号。

201

（2）砂浆制作

按制定的砂浆配合比及稠度来制作砂浆，其注意点：

1）砂子应预先过筛，除去影响砌筑质量的大颗粒及杂质。

2）按砂浆配合比对各组成材料进行称重后进料，确保其准确性。

3）采用机械搅拌的搅拌时间不少于2min，人工拌制必须使拌料颜色均匀一致，无疙瘩。

4）水泥砂浆应随拌，随运，随用，不得积存过多，存放时间不宜过久。

5）机械搅拌的加料顺序：加部分水→砂→（石灰膏）→水泥（其他掺合材料），视稠度情况可二次加水（搅拌均匀）出料。冬季施工，可采用冷作法拌灰，掺入一定量的氯化钠、氯化钙等化学附加剂，降低掺拌水的冰点，达到抹灰砂浆不被冻结。

（三）砌体材料

1. 砌体材料的种类

砌体材料是砌体中的一个主要组成部分。

按材料成分不同，分为黏土砖、硅酸盐砖、水泥砖、石材等；

按受力特征分为承重砖与非承重砖；

按材料构造不同，分为实心砖与空心砖；

按尺寸的大小，分为砌块、砖块两种；

还有其他分类，这里不一一论述。

下水道工程常用的有黏土砖、水泥砖及石材，且承重砖为多数。

2. 砖

（1）黏土砖

黏土砖是以黏土为主要原料，有普通黏土砖和黏土空心砖之分。在下水道砌筑中仅采用普通黏土砖。它具有较高的抗压强

度。有一定的抗冻防潮和保温性能。标准砖规格是 240mm ×
115mm × 53mm，重量为 2.5kg。八五砖的规格为 216mm × 105mm
× 43mm，重量为 1.7kg。黏土砖的外观等级见表8-3。

普通黏土砖的外观等级指标（JC—149—73）　　表 8-3

序号	项 目	内　　　容	指　　标（mm）	
			一　等	二　等
1	表面尺寸	长度	≤ ±5	≤ ±7
		宽度	≤ ±4	≤ ±5
		厚度	≤ ±3	≤ ±3
		弯曲	≤3	≤5
2	二个条面间	厚度差	≤3	≤5
3	整　体	完 整 面	不得少于一条面和顶面	
		缺棱掉角的三个破坏尺寸	不得同时 >20	不得同时 >30
4	裂纹长度	大面上宽度方向及延伸到条面上的长度	≤70	≤110
		大面上长度方向及延伸到顶面上的长度	≤100	≤150
		条顶面上的水平裂纹的长度	≤100	≤150
5	杂　质	在砖面上造成凸出高度	≤5	≤5
6	混 等 率	非本等级产品混入本等级产品数	≤10%	≤15%

注：凡有下列缺陷之一，不能称为完整面
　　1．缺棱掉角在条顶面上造成破坏面同时大于 10mm × 20mm 者；
　　2．裂缝宽度超过 1mm 者；
　　3．有黑头、雨淋及严重沾底者。

（2）硅酸盐类砖

硅酸盐类砖不用黏土，利用工业废料制成。根据各地情况，
因地制宜地实施生产。许多地区已广泛采用。有灰砂砖、矿渣
砖、粉煤灰砖、煤矸石砖、碳化砖等。

3. 砌块

砌块是规格尺寸较大的砌体材料。一般有蒸养硅酸盐砌块、
煤矸石空心砌块、混凝土空心砌块以及加气混凝土砌块等。它也

是利用工业废料作为主要原料制成。

粉煤灰硅酸盐规格见表8-4。砌块尺寸的允许偏差见表8-5。

粉煤灰硅酸盐砌块参考表（mm） 表8-4

序号	规格	济南硅酸盐砌块厂	青岛砌块厂	上海硅酸盐制品厂	常州硅酸盐厂
1	主	1185 × 385 × 200	1080 × 380 × 180	880 × 380 × 180	880 × 380 × 180
2	副	885 × 385 × 200 585 × 385 × 200 485 × 385 × 200 385 × 385 × 200 285 × 385 × 200	1080 × 380 × 240 780 × 380 × 180 580 × 380 × 180 480 × 380 × 180 280 × 380 × 180	580 × 380 × 180 430 × 380 × 180 280 × 380 × 190	780 × 380 × 180 580 × 380 × 180 380 × 380 × 190

序号	规格	广州市建材一厂	福建省建一公司预制厂	山西硅酸盐厂
1	主	880 × 385 × 200	1180 × 385 × 180	880 × 380 × 240
2	副	580 × 385 × 200 430 × 385 × 200 280 × 385 × 200 185 × 385 × 200 880 × 290 × 200	980 × 385 × 180 880 × 385 × 180 780 × 380 × 180 580 × 380 × 180 380 × 380 × 180 280 × 380 × 180	580 × 380 × 240 430 × 380 × 240 280 × 380 × 240

砌块的允许偏差 表8-5

序　号	项　　目	允许偏差
1	长　　度	+5, −10
2	高　　度	+5, −10
3	厚　　度	±8
4	每两面对角线之出差	15
5	预留调口及预埋件位置	10

4. 砌筑石材

砌筑石材是天然岩石开采而得的毛石料，或经加工整形的块、板状石料。由于石材具有高强度及良好的抗冻性和耐久性，故可用来砌筑基础、墙身、桥基、桥身、水坝、锥坡、挡土墙和路面等。但因开采、加工、运输的局限，作为石材砌成的下水道、窨井等多数在产石区，或产石区附近。

按加工程度及外形不同分为料石和乱毛石两种。料石又有细料石、粗料石及毛料石之分。

细料石：经细加工，外形规则，表面凹凸深度不大于 2mm，截面宽度和高度不小于 200mm，且不小于长度的 1/3。

粗料石：规格要求同细料石，表面凹凸深度不大于 20mm。

毛料石：（即块石）外形大致方整，一般不加工或仅稍加修整，高度不小于 200mm。

乱毛石：形状不规则，一般不加工，高度不小于 150mm，体积不小于 0.01m³。

（四）砌筑工具和机具

1. 常用的砌筑工具

（1）瓦工工具

见图 8-1。有大铲、瓦刀（泥刀）、刨锛、摊灰尺（蜕尺）、铺灰器、夹灰器、托线板（靠尺扳）和线坠等 8 种。另一种为皮数杆（线杆），图中没标，是标志砖层辅助工具。

此外，还有准线（小白线、麻线、蜡线）、水平尺、浇水喷壶等。

（2）勾缝工具见图 8-2。

（3）备料工具

有运输小车；存放砂浆的桶或槽（灰斗）；称重用的磅秤；砂子筛等。

2. 常用拌灰工具

见图 8-3。有铁抹子和钢尺抹子——铁板、压子、薄钢板、塑料抹子、木抹子（也称木蟹、木楔）、阴角抹子（也称阴抽角器）、托灰板（也称操板）、钢筋卡子（也称钢夹子）等。

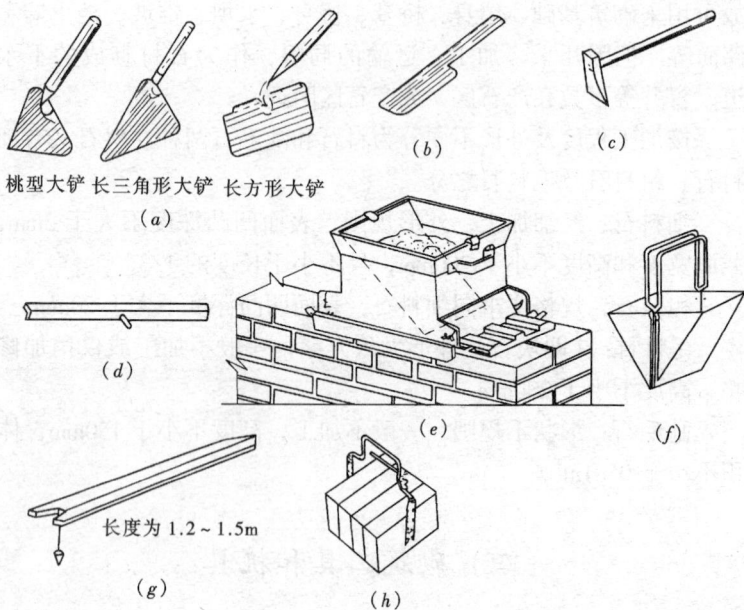

桃型大铲 长三角形大铲 长方形大铲
（a）

长度为 1.2～1.5m

图 8-1 瓦工工具示意图

（a）大铲：铲灰、铺灰与刮灰用；（b）瓦刀（泥刀）：打砖，打灰浆（即披灰缝），披满刀灰等用；（c）刨锛：打砖用；（d）摊灰尺（蜕尺）：铺砂浆用；（e）铺灰器：铺砂浆用；（f）夹灰器：铺砂浆用；（g）托线板（靠尺扳）和线坠：检查墙面垂直平整用；（h）砖夹子：运输砖用

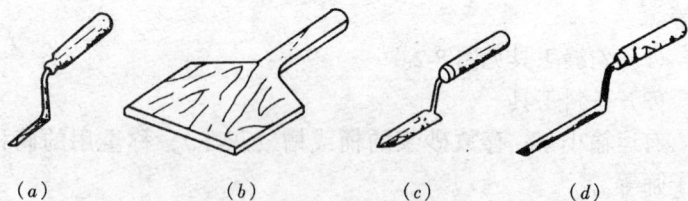

图 8-2 勾缝工具示意图

（a）短溜子；（b）托灰板；（c）抿子；（d）长溜子

206

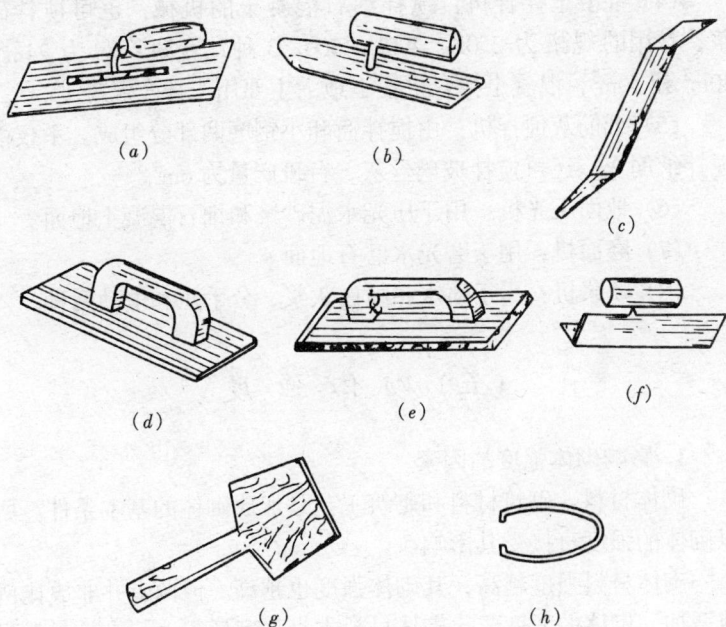

图 8-3　拌灰工具示意图

（a）铁抹子：用于抹底子灰或水刷石，水磨石面层；（b）压子：用于压光水泥砂浆面层以及纸筋灰等罩面；（c）薄钢板：用于小面积或铁抹子伸不进去的地方的抹灰或修理；（d）塑料抹了：用于压光纸筋灰面层用聚乙稀硬质塑料制成；（e）木抹子（也称木蟹、木楔）：用于砂浆的搓平压实；（f）阴角抹子（也称阴抽角器）：用于阴角压光，分尖角及小圆角两种；（g）托灰板（也称操板）：用于抹灰时承托砂浆；（h）钢筋卡子（也称钢夹子）：用于卡紧八字靠尺

3. 常用机械

（1）卷扬机：与垂直运输井字架一起用于室内抹灰的垂直运输。常用的规格为 1~2t 提升能力。

（2）小型卷扬机（也称辘辘）：用于室外抹灰的垂直运输，起重能力为 20~500kg。

（3）砂浆搅拌机：搅拌砂浆用的机械，常用的规格有 200L 和 325L，台班产量为 18m³ 和 26m³。

（4）混凝土拌合机：搅拌细石混凝土的机械，也可搅拌砂浆，常用的规格为 250L、400L、500L 3 种，台班产量为 24m³、40m³ 和 50m³，混凝土拌合机在工地上主要用于拌合混凝土。

（5）纸筋灰搅拌机：由搅拌筒和小钢磨两部分组成。不仅能搅拌纸筋灰，还可搅拌玻璃丝灰，台班产量为 6m³。

（6）地面压光机：用于压光水泥砂浆和细石混凝土地面。

（7）磨面机：用于磨光水磨石地面。

（8）喷浆机：用于喷水和喷白灰浆，分手压和电动两种。

（五）砌 体 强 度

1. 影响砌体强度的因素

砌体材料、砌筑材料和砌筑工艺是形成砌体的基本条件。所以砌体的强度直接受其影响。

砌体材料强度越高，其砌体强度也越高。但两者并非成比例地增加，砌体的强度要比砌体材料本身强度低得多。砌筑材料强度的高低，粘结砌体材料的牢固程度，砌体材料的外形尺寸和砌筑方法，砌筑技术的熟练程度等都决定了砌体的强度。如砂浆灰缝的均匀、饱满和密实程度及其厚度的不同，砌体的强度就不同。砖、石块表面平整而厚度大的砌体材料，灰缝数目较少，加上厚度较均匀，砌体强度就明显高。

2. 砌体的强度指标

（1）抗压强度

砌体的抗压强度应根据规范规定的试验方法来确定。

砖石砌体的抗压强度试验，将按照施工现场操作方法砌筑的标准试件，经过温度为 20±3℃ 的室内自然条件下养护 28d 后，放在试验压力机上采用等速分级加荷载，进行轴心受压，直至试件破坏为止，所得试验值。其中每级荷载约等于破坏荷载的 10%，标准试件的尺寸是：截面一般采用 37cm×49cm，其高度与截面较小边长的比值采用 2.5~3.0。

（2）砌体的轴心抗拉、弯曲抗拉及抗剪强度

下水道的窨井有圆形和方形或多边形。在圆形砌体结构的井中，由于内部液体的压力在井壁中产生的环向水平拉力，将使井壁砌体的垂直截面处于轴向受拉的状态。如果砌体材料的强度高于砂浆强度，受拉破坏的部位就出现在沿齿缝处；若砌体材料的强度低于砂浆强度，穿过砌体材料和竖缝的截面就将出现受拉破坏。

在方形砌体结构的井中，水压力使井壁既在水平方向又在垂直方向受弯。在水平弯矩作用下，砌体的弯曲强度较低，在弯矩较大的截面处将发生弯曲受拉破坏。同样根据砌体材料和砂浆的相对强度决定破坏可能发生在齿缝截面或通过竖缝和在砌体材料截面上。

在方形或多边形砌体结构中的转角处，会出现沿齿缝剪切破坏，也可能沿通缝剪切破坏。

当然，其他砌体也存在砌体的轴心抗拉、弯曲抗拉及抗剪强度的问题，这里不展开。

（六）砌筑块石与勾缝

1. 浆砌块石砌筑

浆砌块石用水泥砂浆来砌筑石块，它所形成的是浆砌砌体。常用于涵洞、管道出口构筑物、挡土墙、桥梁墩台、隧道边墙等处。

浆砌块石的工艺流程为：施工准备→基础清理→放样立架→面层分层砌筑→体心填砌→表面勾缝、养护→工完场清。

（1）砌筑前的准备工作

首先，应进行图纸的学习，开展技术、质量、安全、文明施工等方面的交底；其次，设备、材料、脚手板等砌筑用具的配备，其中应对石料清洗，勾缝用的砂必须进行过筛。

（2）基础清理

对混凝土基础用水冲洗干净，不得有污泥等杂物，抽除槽内积水，以保证砌体砂浆不被水泡或水冲；若混凝土基础中有预埋块石（牙石），应检查是否有松动，若有松动要进行处理。

（3）放样立架

砌筑前按设计放样定线，根据确定的位置按构筑物的断面设立样架。立架时，将样架竖（斜）杆的内边线作为砌体的外边线，在样架之间拉线作为逐皮砌筑的依据，使块石砌体平整美观。如图8-4所示。

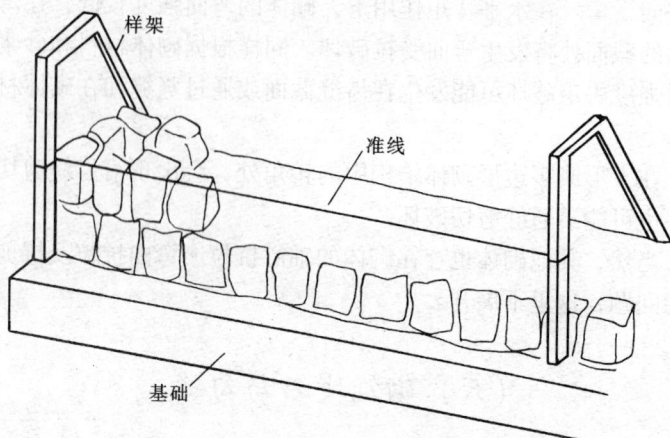

图8-4　浆砌块石施工示意图

（4）面层、分层砌筑

面层砌筑的用料（称面石）质地应均匀，不易风化和无裂缝，具有一定的抗冻性能，强度不低于设计要求，块石尺寸应有一定规格，形状大致正方，厚度一般不小于20cm，长度约为厚度的1.5～3倍，宽度约为厚度的1～1.5倍，顶面与底面较为平整，其余四个面凿除棱锋凸面，不宜使用薄片状石料。在转角处更应注意选用方正的块石（称角料），以作为基准面，面石表面的楞角也应敲平，以免突出于砌体的表面。

砌石砂浆的稠度为5～7cm，灌浆稠度为12～15cm。砌石前，先在基础面铺一层厚度为 4~5cm 的砂浆作座浆用，其面积为欲砌石面的 1/2，然后在座浆上安砌块石，用手压紧，使砂浆挤入空隙使石料平稳，并将砂浆从 4~5cm 压成 1~2cm 厚度，使砂浆充满全部石底，横向砌缝应用砂浆填塞。块石砌妥后，绝不可撬移，以免松动，影响粘结力。面石间的砌缝一般为 2~3cm 左右。外口嵌缝要随砌随嵌，以备勾缝。在面石砌筑时，上下两层的石块应错缝，同一层面石应一顶一顺，或一顶二顺砌筑。

(5) 体心填砌

面石必须砌筑稳固，砌好一、二块面石后其内侧紧接着砌帮衬石。外围面石砌好后，即可填砌（称填心）中间部分，填心时要先铺 1/4~1/5 左右块石高的砂浆，然后用适当大小的石块挤入砂浆中，使砂浆挤得饱满，而不致发生干缝或空隙。同时要注意，挤入的石块不得高出已砌好的面石，以免妨碍上面一层块石的砌筑。在挤填中间块石时，应注意不可挤动已砌好的面石，以防面石松动位移。

砌筑工作告一段落后，应将砌好的块石用砂浆碎片填满嵌实，但表面不必铺砂浆，待继续施工时，将表面清洗干净，再铺以砂浆后继续砌筑。

(6) 表面勾缝、养护

砌筑好的石块，在勾缝前应刷清缝内浮浆，并用水湿润，勾缝砂浆应比砌筑砂浆标号高，一般用 1:2~1:2.5 水泥砂浆，黄砂应过筛。勾缝线条应宽窄一致，做到平整美观，勾缝后应保持三天的湿治养护。

缝的形式有：

平缝：在砌石收工前，用砂浆将所砌的灰缝补满刮平，然后压实。

凹缝：砌石时表面灰缝不必全部补满，待砂浆凝固后，先用铁钎子将灰缝修凿整齐，并挖深 3~5cm，在墙面上浇水湿润，将砂浆勾入缝内，再用板条压成凹缝，并进行修整。

凸缝：在墙面灰缝处，刮深 2cm 左右，浇水湿润，用砂浆补平，并用泥刀划成粗糙面，待初凝后，抹第二层砂浆，勾成厚1cm宽2cm的凸缝，再压实抹光，以求表面美观。

（7）工完场清

浆砌块石砌筑完成后，往往在现场留下加工后和砌筑多下的余石，筛弃的砂石，满地的砂浆掉漏物等等，必须将它们清理干净。包括所用设备工具等，也应清场。体现出文明施工的面貌。

2. 干砌块石砌筑

干砌块石砌筑不用砂浆砌筑，而是依靠石块之间的相互锁结作用形成整体的，常用于管道出口护坡、一般护坡、护岸、河床护底等。

干砌块石的工艺流程除了不用砂浆砌筑外，基本与浆砌块石砌筑雷同。这里不多加叙述。

但干砌块石砌筑往往用于出口护坡，一般在护坡块石下面设有滤层或垫层，以防斜坡块石下面的土壤流失。这就应按规定达到要求的密实度。根据块石和滤层铺筑的厚度修正土坡，待夯实达到要求密实度后方可砌筑护坡。滤层的厚度一般为10cm，石料粒径为 20~50cm，应随砌随铺。

斜坡上铺筑块石，应由下部基底开始，向上砌筑到坡顶，为确保砌石平整，应沿斜坡订立样板并拉线放样，如图8-5所示。

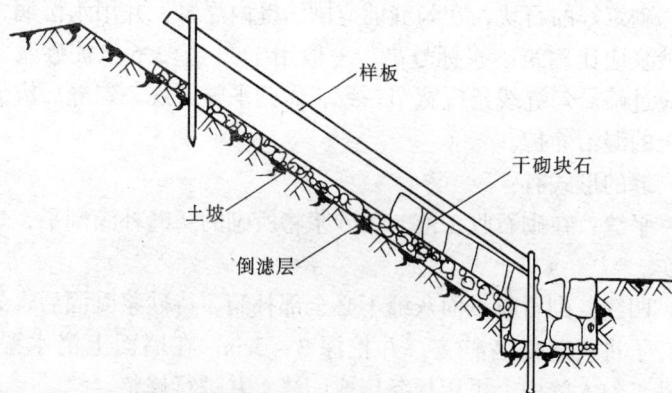

图8-5 块石斜坡施工

212

块石排砌应稳定，块石应尽量选择方正的块石，并应大面向上砌筑稳定，下面尖角应用锤敲掉，使之对缝嵌齐紧密。块石相互之间至少有三点相吻合，缝隙间还应用片石嵌入敲紧，每片石缝要错开，相互楔紧。边坡最下面的一层石块及转角处要选用大石料砌筑。以求牢固。干砌块石的水泥砂浆勾缝，应待其沉实后进行。

（七）砖井的砌筑、抹灰

1. 砖井的砌筑

下水道的检查井和进水井一般由砖砌制作而成，虽然各地情况有所不一，但其外形以方形和圆形居多。不少城市根据多年的施工实际，已制定了一系列定型标准图。

砖井的砌筑一般在基础完成后，达到一定强度时才开始进行。

砖井砌筑前的准备工作：进行图纸学习，开展技术、质量、安全、文明施工等方面的交底；对设备、材料、砌筑用具等的配备，其中应对砖材进行浇水湿润，所用的砂进行适当过筛；打扫冲洗基础表面，清除杂物，并保持基础表面无泥浆，无积水；检查沟管是否稳定，方向和标高是否符合设计要求；若采用支撑支护的，要进行必要的替换和调整等等；并根据设计要求进行放样，定出中心，量出内径，确定砖墙砌筑位置。

砌砖用的砂浆应符合设计强度，若设计无注明时可采用强度为 M1 号的砂浆。水泥、黄砂等拌制材料应符合质量要求，砂浆稠度控制在 8~10cm，尽量采用机械拌合。

砌筑方法，先铺筑座浆用的砂浆，接着沿四周砌筑；砌筑时，分皮进行，采用一顺一顶法砌筑；砂浆砖缝确保标准宽度，一般为 10mm（±2mm），缝中砂浆饱满，不得通缝；每皮砖砌筑整齐后用砂浆灌填砖缝，不得直接浇水，以免跑浆；用水平尺及托线板控制平整、墙面平直、边角整齐，砖墙宽一致，井体不走样。砖墙厚度可参考表 8-6。

深度 h（m）	$h \leqslant 2.5$	$2.5 < h \leqslant 6.0$	$6.0 < h \leqslant 8.5$
砖墙厚度	一　砖	一砖半	二　砖

井的墙体为半砖或一砖，墙内面应保持平整；若墙体为一砖半以上，墙内外面均应保持平整。砖墙砌筑时应随时刮平挤出的砂浆，及时清除表面残余砂浆。砖墙砌筑至一定高度时，采用1:2水泥砂浆分两道工序及时进行墙体抹面，先刮糙打底后抹光，先外壁后内壁，内外墙的粉刷接缝不宜同一截面，应互相错开。

按设计及现场实际预留支管和连管的头子，应注意其方向、高度及坡度。与井壁的砖墙连接处应用1:2水泥砂浆抹45°角。临时需封堵沟管头子，应按规定实施。

与沟管上半圈接触的墙体，应由两侧向顶部砌成砖拱圈。管径≥800mm时，拱圈高度为250mm；管径≤600mm，拱圈高度为125mm。

抹面终凝后应做好湿治养护。

井内的流槽用C15混凝土浇筑，也可用砖砌，但必须用1:2水泥砖浆抹面。流槽的高度应为管径的1/2，两肩向中间落水。井内工作室的收口，按设计要求进行。预制钢筋混凝土盖板的安放应根据道路横坡设定，结合道路施工分多次调整。

2. 抹灰

（1）基层处理

1）基层表面的油渍、灰尘、污垢、碱膜、沥青渍等清除干净。

2）墙上的施工孔洞（脚手洞、管道洞等）镶嵌严密，预制混凝土（楼）板的板缝用砂浆勾实。

3）剔除砖墙面的耳灰、混凝土墙的跑浆等。

4）光滑的石块和混凝土面应凿毛，以增加粘结力。

5）过干燥的基层适度洒水湿润，避免砂浆早期失水。

6）与墙交接的门窗框处，应用1:2～1:3的水泥砂浆分层嵌填密实（俗称嵌堂子）。

（2）基本操作

1）抹灰

一手握托灰板，一手握铁抹子。用铁抹子将灰浆桶内的砂浆盛在托灰板上，并由铁抹子横转将砂浆从靠近墙面的托灰板上刮向墙面进行抹灰，同时托灰板跟着铁抹子顶向墙面，以承接落灰。铁抹子要紧贴墙面（吃紧），用力均匀，使砂浆伸入砖缝及毛面，与墙面粘结牢固。后抹砂浆要与前抹砂浆衔接，抹上的砂浆铁抹子不要多刮，应习惯用目测的方法来控制抹灰的厚度和墙面平整程度。

2）做灰饼（塌饼）和冲筋（出柱头）

设置灰饼和冲筋是为了有效地控制抹灰层的垂直度、平整度和厚度，作为底层抹灰时的依据，使其符合工程的质量标准。

以内墙为例，设置灰饼前，根据墙面的垂直度和平整度，定出抹灰层的平均厚度。在距顶棚 15～20cm 处和在墙的两尽端距阴（阳）角 15～20cm 处，各按已抹灰厚度抹上灰饼，并以此两灰饼为依据拉好准线。每隔 1.5m 左右设一灰饼，大小以 5cm 见方为宜（见图 8-6）。然后，以上部灰饼为依据，用托线板与线坠

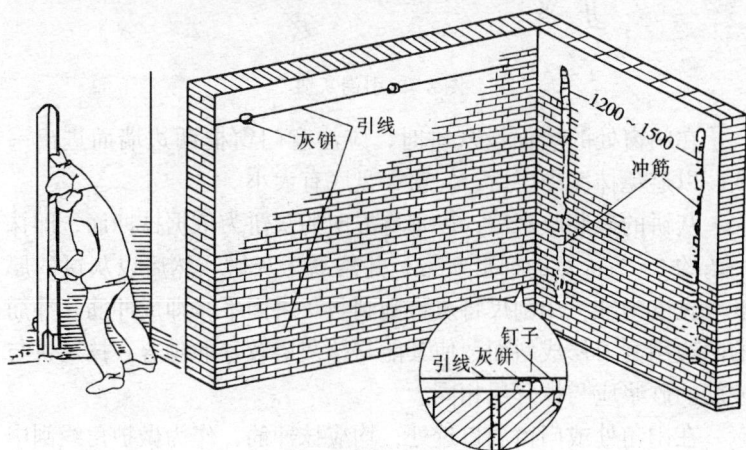

图 8-6 做灰饼和冲筋

在墙的两边做垂直方向的灰饼，每隔 1.5～2m 设一个，如图 8-7
所示。要求做到离地 20cm 左右。最后以这两边的灰饼为依据拉
线做横向灰饼。灰饼的最大厚度不宜超过 25mm，最小厚度不小
于 7mm，超过范围应予以调整。

图 8-7　引涓灰饼

　　在门窗处的墙面设灰饼时，应注意门窗框两边墙面进出一
致，以避免抹完中层后，门窗天盘底有大小。

　　灰饼的砂浆收水后，以垂直方向的灰饼为依据抹冲筋，即抹
一条约 6～7cm 宽的梯形灰带，并略高于灰饼。然后以灰饼的厚
度与宽度为准，用刮尺将灰带刮到与灰饼面平，即成冲筋。冲筋
的两边用刮刀修成斜面，使其能与抹灰层较好的吻合，抹灰饼与
冲筋的砂浆应与抹灰层相同。

　　在阳角处或门窗洞口近处，均应抹冲筋，作为做护角线刮中
层的依据，避免刮坏角线。

3）抹护角线

在抹灰工程中，为使每个外突的阳角在抹灰后线条清晰、挺直，并防止碰撞而损坏，一般都应做护角线。

护角线分明暗两种，如图 8-8 所示。常见的暗护角线较多，即用 1:2 水泥砂浆抹成呈八字形（俗称灯草圆）的护角线，其厚

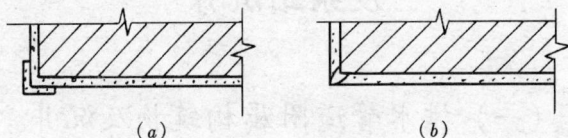

(a)   *(b)*

图 8-8　护角线

度靠门框一边，以窗门框离墙面的空隙为准，而另一边则应以抹灰厚度为准。抹护角线时应在阳角的两侧先薄薄抹一层宽 5cm 的底子灰，然后借助钢筋夹头或竹笆，将八字靠尺（引条）夹住或撑稳，同一高度的护角线撑八字靠尺要一次完成，如门窗洞口应从天盘底到地坪（或窗台）一次将八字靠尺安放好，以避免分次成活时造成明显的接槎。八字靠尺安放完后要用线坠目测的方法检查，其调整至垂直为止，然后分层抹平呈斜面。用同法抹另一侧，使其呈八字形，用捋角捋光压实，呈灯草圆形小圆角。

九、排水管道附属构筑物及泵站沉井

（一）排水管道附属构筑物及沉井施工的概述

1. 排水管道的附属构筑物

管道系统中，除了管道本身外，还需设置一些构筑物，这些构筑物包括普通检查井、跌水井、水封井、溢流井、潮门井、闸门井、雨水口、倒虹管及管道出口等。

（1）检查井

1）检查井的分类

检查井分为普通井和特殊井两类。普通检查井又有直线井、转向井、交汇井之分。

普通井是在连接管道作用的同时，可供维护人员进行检查和清理管道的井。一般在直线管道、管道改变断面处以及管道的交汇处，均应设置普通检查井。

特殊井除具有普通检查井的功用外，每种特殊井又各有其特殊作用。分别有跌水井、水封井、溢流井以及潮门井、闸门井等等。

跌水井：在某种情况下，连接高程相差较大的管道或降低水流速度所设的井。如图 9-1 所示。

水封井：是防止生产污水中所含易爆易燃气体通过管道进入可能引起爆炸或火灾的场所，避免火焰沿着管道井进入生产车间、仓库，或在管内爆炸、燃烧的设施。

溢流井：是调节和截留合流制管道上的雨水，使一部分污水

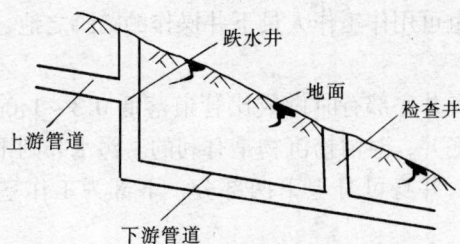

图 9-1 跌水井示意图

进入污水处理厂，另一部分则直接排入水体。

潮门井：是防止涨潮时潮水倒灌的井。当井内水位高于河道水位时，潮门自动打开排水，反之，潮门自动关闭。

闸门井：根据不同要求，可调节、切断管内水流的井。

2) 检查井的构造

检查井由基础及井底、井身、井盖及井座三部分组成。如图 9-2 所示。

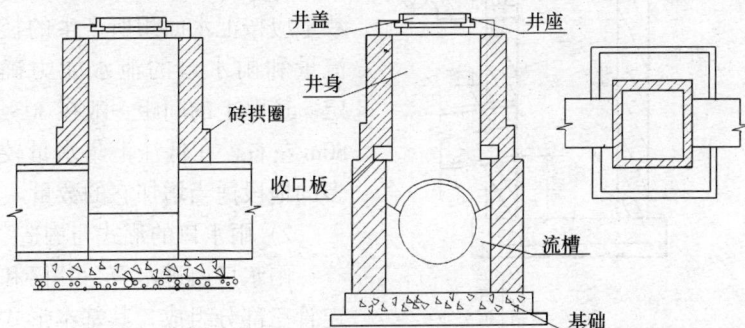

图 9-2 普通检查井构造图

①基础及井底：检查井的基础一般与管道基础同时浇筑。在井的底部常用流槽连接上下游管道，使水流畅通。

流槽断面呈半圆形或弧形，与上下游管道的管底相吻合。流槽高度一般为大管管径的 1/2 高，污水检查井也可做到大管管径的 3/4 高。流槽顶应做成向流槽内倾斜的坡度，防止流槽顶部积留沉淀物，也可用作工作人员下井操作的踏脚之地，一般坡度为0.02~0.03。

雨水检查井底部有时做成比管道落低0.3~1.0m的沉泥槽，这种雨水落底井，对清捞沉物是有利的。污水井则不允许落底。

②井身：井身可分上下两部分，下部为工作室，上部为井筒。

③井盖及井座：常采用铸铁或钢筋混凝土材料制成，在井盖上标明雨、污水标记或字样，便于鉴别。

（2）雨水口

雨水口是雨水管收集雨水的入口构筑物，街道路面上的雨水经雨水口，通过连管流入雨水管。

1）雨水口设置

雨水口一般设置在道路交叉口、道路边沟的汇水点以及低洼和易积水地段，能保证迅速有效地收集地面雨水。其间距与数量应按汇水面积所产生的径流量和雨水口的泄水能力确定。道路上的间距一般在30~80m左右，在低洼汇集水量较多的地段适当增加它的数量。

2）雨水口的形式与构造

雨水口由进水箅、井筒和连管三部分组成，其基本形式如图9-3、图9-4所示。

进水箅用钢筋混凝土、石料或铸铁制成。铸铁进水箅坚固耐用，进水能力强。钢筋混凝土或石料制成的进水箅可节约钢材，其进水能力差。

道路雨水口有侧向和边沟

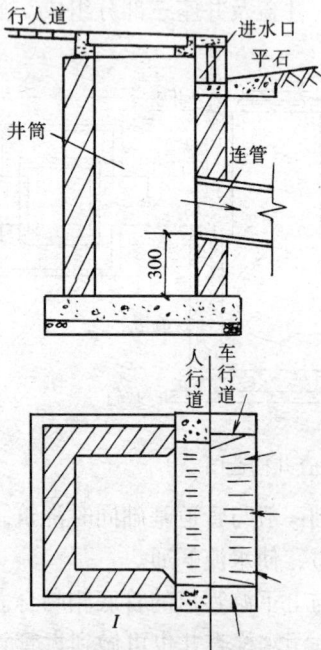

图9-3 侧向雨水口

220

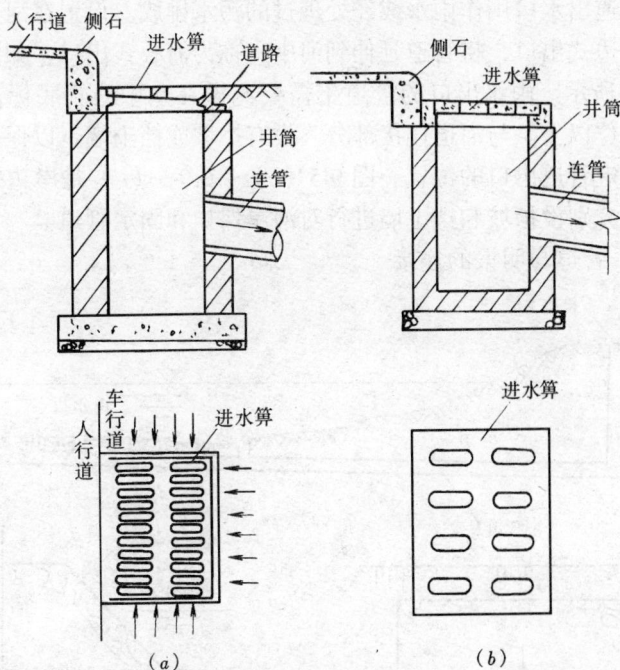

图 9-4　边沟（平式）雨水口

(a) 铸铁进水箅；(b) 钢筋混凝土进水箅

两种形式，侧向雨水口的进水箅嵌入边石（侧石）垂直放置；边沟雨水口进水箅是水平的，同边沟底（平石）相平或略低于路面数厘米。进水箅既便于进水，又起到拦阻粗大物体进入雨水口的作用。

雨水口的井（身）筒用砖砌或预制钢筋混凝土。底部常做成落底式（沉泥井），以截留垃圾、泥砂，避免进入管道造成淤塞。

雨水口的连管与检查井相接，最小管径为 $\phi200$mm，一般为 $\phi300$mm，管坡为 3%～5%，同一连管上的雨水口设置一般不宜超过两个。

(3) 倒虹管内容在第七章第八节二、已作介绍。

(4) 管道出水口

1) 管道出水口

管道出水口用作雨水或经处理过的污水排放。设置在河边的称为岸边式出口，将管道延伸到河中，称为河心式出口，如图 9-5（a）所示。雨水出口的管道不需要淹没在水中，管底标高设在常水位以上。与河道连接部分，设有护坡或挡土墙，以保护河岸和固定管道出口的位置。图 9-5（b）、图 9-5（c）是岸边式出水口，分别设护坡和挡土墙进行对河岸保护和固定管道。

2）管道与明渠的连接

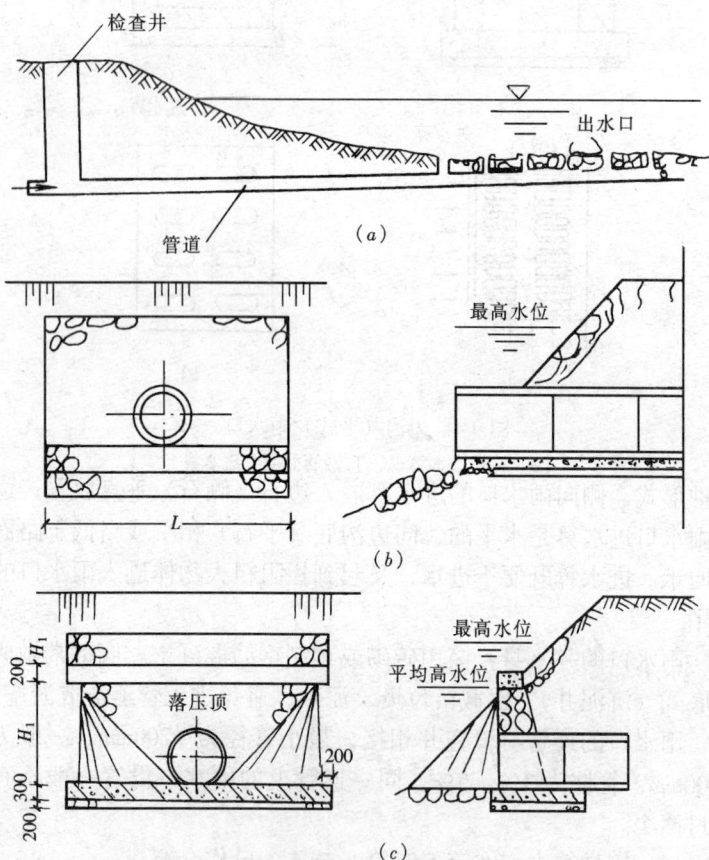

（a）

（b）

（c）

图 9-5　管道出口

（a）远离岸边的出水口；（b）护坡式出口；（c）挡土墙式出口

连接处的管道口设置挡墙，连接出的明渠部位应设铺砌，铺砌高度应满足设计要求，铺砌长度自管口起算为 3~5m，厚度不宜小于 0.15m。若有跌水，且跌水在 0.3~2m 时，在跌水前 3~5m 处亦需铺砌护底、护坡。跌水处做 45°斜坡。管道的入口处应设置格栅，格栅间隙采用 100~150mm，以防杂物进入管内，其大致形状如图 9-6 所示。

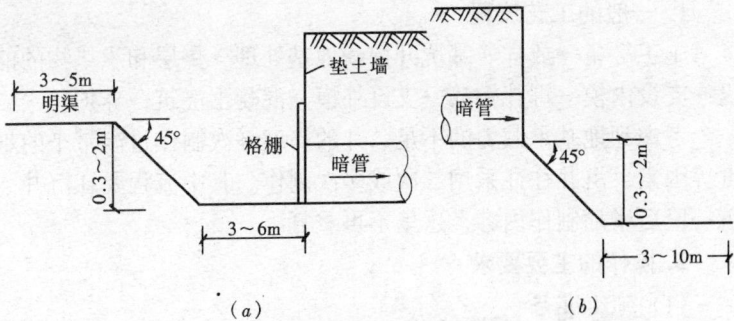

图 9-6 管道与明渠连接

(a) 明渠接入暗管示意图；(b) 暗管接入明渠示意图

2. 泵站沉井施工的概述

沉井施工就是在地上预制一个上下开口的圆形、矩形或其他形状的钢筋混凝土井筒，然后在井内挖土，靠井筒的自重或附加荷载克服井外壁与土壤间的摩阻力，逐渐下沉至设计标高，再用钢筋混凝土将底封住的全过程。

沉井施工比大开挖到标高再浇筑结构体的施工方法所具有的优点是：节约了大量土方开挖、内外运输的工程量，减少占地面积和对环境的影响，在软土地基中还可节省大量支撑设备，并能加快施工进度，避免因回填土不实造成对周围的不良后果。

为了便于沉井能较准确均匀地下沉，其设计断面形状一般力求对称，故井筒平面形状多为圆形或矩形。其井壁一般是垂直的，有时为了减少井壁与土体的摩擦力，常将井壁的外侧做成下大上小的阶梯形。

根据泵站设计平面图，定出泵站的轴心以及纵横轴线后就地制作。当井筒混凝土强度达到设计强度的 70％ 时，即可挖土下沉。

（二）沉 井 制 作

1. 一般的工艺流程

施工准备→放样→基坑开挖→地基处理→垫层和承垫物的铺设→支设内模→绑扎钢筋→支设外模→混凝土浇筑→养护。

考虑到地基承载力的不足、井的高度一次制作过高带来的难度等因素，沉井往往采用二次或多次制作。其中流程要在沉井下沉一段后增加制作内容，这里不再重复。

2. 操作的主要要求

（1）施工准备

首先要认真学习图纸，开展技术、质量、安全、文明施工等方面的交底；其次要对现场的环境、公用管线分布情况作调查，包括水电供应、交通状况等，以便确定现场平面布置；若是地下管线影响沉井施工的必须进行搬迁；另外须对设备、材料落实，涉及到需要降低地下水位的，还应包括降水设备。

（2）放样

场地整平后根据设计的沉井中心坐标定出沉井中心桩、纵横轴线控制桩，以及测设相关的攀线桩，作为沉井制作及下沉时的依据。亦可利用附近的固定建筑物设置控制点。经有关部门复核认可后方可开工。

（3）基坑开挖

根据基坑底面几何尺寸、开挖深度及边坡定出基坑开挖边线。但当沉井制作高度较小或天然地面较低时可以不开挖基坑。开挖基坑应分层按顺序进行。

基坑开挖的深度，视水文、地质条件和沉井第一节浇筑高度而定。为了减少沉井的下沉深度可加深基坑的开挖深度，若土质为软弱淤泥上仅有一层硬壳层，则不宜挖除该层硬土。

(4) 地基处理

制作沉井的场地或基坑底应预先清理、平整和夯实，使地基具有足够的承载力，若地基承载力不够时必须采取加固措施。若有暗浜、浮泥及松软土层，必须清除干净和疏干，并保持平整状态。井壁中心线的两侧各 1m 范围内应回填砂性土夯实整平，确保制作过程中不发生不均匀沉陷。

基坑底部四周应挖出一定坡度的排水沟与集水井相通。集水井比排水沟低 50cm 以上，将汇集的地面水和地下水及时用潜水泵、离心泵等抽除。需要降低地下水位的，则另行安排降水措施。

(5) 垫层和承垫物的铺设

为弥补地基承载力的不足，沉井制作前，在场地或基坑面的刃脚位置上铺设垫层和承垫物，防止沉井倾侧、走动等。

1) 垫层的铺设

垫层常用砂垫层，砂垫层应分层铺设，铺筑厚度应考虑承垫木的抽除，总厚度不宜小于 60cm。其密实方法有振实、夯实或压实等。分层夯实可适当加水，一层检验合格后再做一层，采用平板式振动器时，松砂的分层厚度取 20~25cm。

2) 承垫物的铺设

承垫物有支承垫木和混凝土垫层两种。

铺设承垫木时应用水平仪抄平；使刃脚踏面在同一水平面上，平面布置上均匀对称，每根承垫木的长度中心应与刃脚踏面中线相重合。承垫木可以单根或几根编成一组铺设，每组之间至少要留 20~30cm 间隙。定位垫木的布置要使沉井最后有对称的着力点。圆形沉井的定位垫木一般可对称设置在互成 90° 的四个支点上。矩形沉井可设置在两个长边上，每边两个。当沉井长边 L 与短边 b 之比在 1.5~2.0 之间时，两个定位支点之间的距离为 $0.7L$；≥ 2 时为 $0.6L$。

混凝土垫层的厚度不宜过厚，以免影响沉井下沉。一般挖槽进行混凝土浇筑，做成与土基相平。

（6）支设内模

模板的安装类同一般，所不同的是随井的高度升高，它将搭建脚手架，脚手架必须和模板分开；刃脚底模应用水平尺进行校平，使之保持在同一水平面上；另外，内模板宜一次安装完毕（两次制作则分节安装）。对于大型预埋件应专门设置支撑，不得撑在井壁或隔墙的模板上。

（7）绑扎钢筋

绑扎钢筋同样类同一般，在此不再重复。

（8）支设外模

外模要跟着内模支立，不得内外倾倒，以保证外壁面平正垂直以及井壁厚度均等。同样，模板必须和脚手架分开，预埋件不得撑在模板上。其他类同一般模板安装。

（9）混凝土浇筑

沉井的混凝土浇筑一般具有抗渗要求，因此，浇捣混凝土前应检验混凝土配合比，水泥、外掺料、砂石料等材质必须符合规定要求。刃脚混凝土必须一次浇灌完毕，不得中途停顿。对井身的混凝土浇筑也应连续进行，分层浇筑间隔时间不应超过混凝土初凝时间，否则应按施工缝处理。

当井壁厚度较薄防水要求不高时，施工缝可直接用平缝，当防水要求较高时可在井壁中心埋设竖立的橡胶止水条；井壁厚度较大时可用凸式或凹式施工缝，凸式施工缝易于凿毛清洗，而凹式施工缝浇筑较为方便，但不论哪种形式都要注意清洗干净；钢板止水施工缝用于防水要求高的厚井壁、镀锌钢板厚度一般为 2～3mm，宽 500mm 左右，可设置在平缝中。施工接缝在浇筑上一层混凝土前，下面的混凝土面均须凿毛，用水湿润混凝土面，铺浆 10～15mm，然后浇筑混凝土。

沉井进行分节制作时，要在第一节混凝土达到设计强度的 70% 后，方可浇筑第二节混凝土。沉井接高的轴线应与沉井中轴线重合或平行。浇筑接高混凝土时应尽量使沉井刃脚踏面处压力保持均匀，防止因荷载不均匀而引起沉井偏斜。接高处的混凝土表面应先进行凿毛，清除水泥薄膜和表面浮松石子和软硬混凝土层并冲洗干净。

（10）养护

一般采用湿润养护。

（三）沉井下沉

1. 拆除垫层

沉井开始挖土下沉前，在刃脚混凝土达到设计规定的强度后首先拆除承垫木或敲除混凝土垫层。对有抗渗要求的沉井，在抽承垫木之前应对封底及底板部位的刃脚、底梁和隔墙进行凿毛处理。

垫木或混凝土的拆除必须分区域（分组），均衡对称同步地依次进行。即先按井圈大小将其分成若干组，如分 8 组、10 组等等；然后同时平衡对称地拆除，依次进行，使沉井的支点始终处于平衡状态。防止井身倾斜。如井内有隔墙、地梁的，首先将该部分的垫层拆除。圆形沉井在将井筒分成若干组后，可以每组两边向中间平衡对称间隔地拆除。矩形沉井应先拆边角部分，然后长短边对称拆除。抽除垫木的顺序如图 9-7 所示。

具体操作方法是：先挖松垫木周围的砂垫层，再在垫木顶端敲动，并在另一侧用铁镐头钩住垫木抽拉，即可抽除。也可用卷扬机等机械设备抽除，抽除垫木后的孔穴应即用黄砂填实。抽承垫木要统计块数，不得漏抽。

若是素混凝土垫层，拆除的方法同样应分区域、对称、按顺序凿除，沿刃脚边将井内外的素混凝土敲碎清除，凿断线应与刃脚底边平齐，凿断的板要及时清除，空穴立即用砂或砂夹石子填实。对混凝土垫板的定位支点处应最后凿除，不得漏凿。

2. 挖土下沉

挖土下沉一般有排水下沉和不排水下沉二种方法，这里仅介

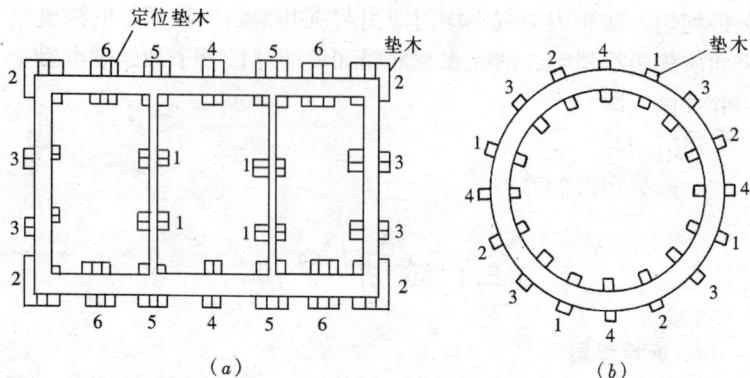

图 9-7　抽除垫木顺序

(a) 矩形沉井；(b) 圆形沉井

绍排水下沉。

采用排水下沉时如具备充足水源和泥水排放条件时可考虑采用水力机械出土并可适当结合机械抓土或人工掏挖。在无水源且无大型挖土机时可用人工挖土机械吊运出土。

在加固处理过的地基处拆除垫木（或素混凝土）后，井身即开始下沉，继续在井内挖土使其不断下沉。地基未作加固处理的，可直接在井内挖土使沉井下沉。

不同土质的人工挖土程序有所区别。当土壤比较松软、潮湿、含水量饱和时，挖土程序一般由每仓的中心向四周进行，即挖成锅底形，每层挖土深度不超过 40～50cm，逐渐挖向刃脚边，这种方法较适用于边挖土边抽水的场合施工，让水流汇集于中间部分。对较干燥、密实的土壤或井点降水效果良好时，挖土程序由周边向中心进行。此方法也在软土层当井筒沉到一定深度，为控制井内外的土压力差值，减少井周地面沉降时采用。

人工挖土沉井一般用于小型沉井或下沉深度较小的沉井中，当机械设备可能的情况下，常运用机械与人工相配合的挖土方法。挖土机械多用合瓣式挖土机，主要挖掘井筒每仓中间部分的土方，而四周的土方则由人工配合翻挖，然后由机械抓运出井

228

外。挖土程序基本上与人工挖土相同。当沉井接近设计高程时，应停止机械开挖，改用人工最后挖土，以正确控制沉井标高。当沉井有数个井孔组成，挖土时各井孔的土面高差一般不宜超过0.5m。

不论何种挖土方法，沿刃脚部分的挖土必须注意对称、均匀地进行，挖土高差不宜过大，以保持井身下沉均匀。刃脚下的土方，一般情况下应避免掏空，只有当下沉困难时，才允许挖空刃脚下的土方。为防止可能出现井身突然下沉和倾斜偏差，可采用分段分档掏空，即对称留下若干土堆以支承刃脚，如井筒仍不下沉，则再逐步铲除支承土堆，使沉井缓慢地逐渐下沉。

为使井筒下沉顺利，应连续挖土，使下沉连续，中途不宜有较长停歇。挖出土方应及时由垂直运土设备运出，避免土堆在井内妨碍操作。

当沉井下沉接近设计高程时，挖土速度适当放慢，防止超沉或挖土过多。在整个挖土过程中，均应服从统一指挥，以防挖土不当而引起沉井偏斜位移。

采用水力机械出土下沉时，井内各种设备均应架设牢固；浇筑混凝土用的脚手架、井字架及扶梯等设施均不得与井墙联接；井内工人的操作平台应采用吊平台或活动平台。

在高压缩性土中采用水力机械冲吸法下沉时，应严格按照施工组织设计及其有关规定进行操作，备有切实可靠的安全措施，防止沉井发生突然下沉时，井内土面骤升而造成安全事故。

（四）沉井封底

1. 准备工作

（1）当沉井下沉至设计标高的要求范围内，进行沉降率的观测。在达到允许范围内时，即可进行封底工作。

（2）沉井封底确定后，设有井点降水措施的沉井，即可应用大石块将刃脚下垫实，同时加强井点降水管理，连续保持抽水。

（3）绘出沉井底部挖土形状（如锅底状）简图。

（4）沉井封底有干封底和水下封底，若需改变设计封底方法，及时与设计单位联系，以便落实封底的施工方案。

（5）整理沉井底部土面（如锅底状）并清除浮泥，对新老混凝土接触面凿毛清洗。

（6）设置集水井筒，进行井内排水，尽量排干井内积水。若有井格的沉井，每个井格底部中央至少设置一个集水井，其深度和大小能满足水泵吸水要求。

（7）准备好封底材料，尽可能整齐、有序地安放在井的周边。

2. 干封底

（1）按照设计规定，一般沿井壁四周向中央先铺碎石、填平整实后为浇筑素混凝土封底作准备。

（2）浇筑素混凝土进行封底。它应分格、逐段、一次地浇筑完毕，且对称进行，不得中途停顿，避免产生施工缝而造成渗漏现象。素混凝土封底的表面应平整。

（3）混凝土封底的同时集水井不得填没，排水工作继续进行，以保证混凝土在终凝前不浸水。

3. 水下封底

（1）在无法进行排水状态下沉井干封底时，经设计、监理和业主同意及有关部门批准，可采用水下封底法进行沉井封底。

（2）水下封底前，井内水位不应低于井外地下水位，锅底应由潜水员按设计在水下进行整理，将沉积于井底的浮泥应予清除。然后在潜水员共同配合下铺碎石垫层。位于混凝土导管处的垫层厚度应适当加大。

（3）水下混凝土浇筑时使用的导管直径以 25～30cm 为宜，导管的立面布置与插入深度应经过计算，漏斗的容量应能储存足够数量的混凝土，保证能允许导管及导管下筑成小堆，不得使导管进水。导管内的阻水装置可采用橡皮球、木球等。宜设于第一节法兰以下 50cm 处。

（4）浇灌水下混凝土时应保证各导管有效作用半径（一根导管的有效作用半径与混凝土坍落度和导管下口的超压力有关，一般为 3~4m）范围内互相搭接，并能盖满沉井基底全部面积。

（5）水下混凝土每浇灌 10m³，取试块两组，其中一组经一天后拆模，放到水下进行同等条件养护；另一组在常温条件下养护，水下混凝土封底达到设计强度后方可从井内抽水。

4. 浇筑钢筋混凝土底板

（1）绑扎底板钢筋

当素混凝土封底的强度达到设计强度的 25％以上时才允许在上面进行底板钢筋的绑扎。经检验合格后方可浇筑底板混凝土。

（2）浇筑混凝土

尽可能地采用商品混凝土进行底板的混凝土浇筑。否则，必须要有足够的拌合运输能力，来确保优质快速完成浇筑任务。有利于克服沉降率带来的危害。

（3）整个底板表面应平整，不得有渗漏现象。如发现有渗漏点，应压浆堵漏。漏水严重时应设置临时泄水管引流，在压浆堵漏后再封闭泄水管。

（4）当底板钢筋混凝土强度达到设计要求时方可停止井点降水。沉井能满足抗浮要求时方可封填集水井，封填前应先清洗干净，封填必须确保密实，防止渗漏。

（5）采用触变泥浆护壁下沉的沉井，当下沉到设计标高封底后立即进行置换触变泥浆工作。

十、顶 管 施 工

（一）顶管施工概述

1. 顶管施工的含义

敷设各种管道（线），包括给排水管道、燃气、电力、通信等管道，传统的施工方法就是开槽法施工。但在管道（线）遇到无法通过障碍，如铁路、车辆来往频繁的公路、建筑物、河流，以及随着城市建设的快速发展，要保证交通畅通、市容环境不容破坏、市民生活不被干扰，不可能在城市干道下、繁华商业区、旅游休闲区、居民社区以及不适宜或不允许开槽的地方采用开槽法施工。这就要采用非开挖施工法施工。

非开挖施工法可归纳为定向钻进法、顶管法、管幕法、盾构法和暗挖法。其中顶管法就是本节中所说的顶管施工。

所谓顶管施工是借助于油缸的推力，在已制作好的工作坑里，把工具管或掘进机及随后的管道顶入土中，一直穿过土层，使管道进到预先设置的接收坑内的施工方法。如图 10-1 所示。

顶管施工是继盾构施工之后而发展起来的一种施工方法。它形成于 20 世纪 40 年代末期。有历史记载的初次顶管是在铁路下顶一段六米多长的铸铁管。我国的顶管施工始于 20 世纪 50 年代末期。到了 20 世纪 60 年代初，我国的人工挖土顶管已有了较大的发展。与此同时，全国各大城市，尤其是上海、北京、天津等城市，都纷纷开始了对各类机械式顶管的研究。到了 20 世纪 80 年代，顶管施工在各大城市已得到了较普遍的应用；顶管掘进机的设计、制造上呈现出多样化、系列化的趋势；一些与顶管施工有关的附属设备和辅助施工方法也有了较大的发展和革新。

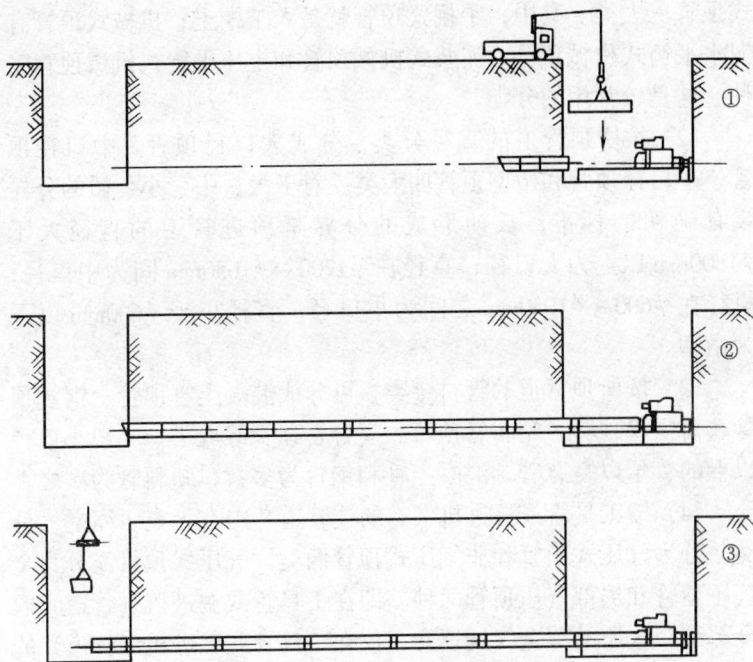

图 10-1　顶管施工示意图

随着我国改革开放不断发展，国际交往日趋频繁，日本、德国等国的一些先进顶管技术和设备，通过商务或工程承包等先后引进，给我国顶管施工的发展既提供了机遇，又提出了挑战。通过努力，顶管施工理论有了较大的进展，顶管施工的先进技术和方法有所突破。到了 20 世纪 90 年代初，我国已开始向国际上输出顶管技术和承包工程。如今，3～4m 的大口径顶管、矩形顶管、曲线顶管、长距离顶管等都有了较大的发展，包括顶管施工的自动测量和导向，不同地质状况的施工手段的适应等也接近或超过国际水平。

2. 顶管施工的分类

顶管施工从不同的角度有不同的分类，这里介绍几种。

（1）以挖土形式分类，分成手掘式顶管、挤压式顶管和机械

233

式顶管三大类。其中，手掘式顶管就是人工挖土；机械式顶管有泥水平衡式机械顶管、泥浆式机械顶管和土压平衡式机械顶管三种。这是较常用的分类。

（2）按所顶管道的直径分类，分成大口径顶管、中口径顶管、小口径顶管和微型顶管四大类。对于大、中、小、微的分界没有确切的标准，长期形成的分界是顶进管道的直径大于 $\phi1800mm$ 以上为大口径；直径在 $\phi1200 \sim \phi1650mm$ 间为中口径；直径在 $\phi600 \sim \phi1050mm$ 之间为小口径；直径小于 $\phi600mm$ 以下为微型。

（3）按所顶管道的管材分类，可分成混凝土管顶管、钢管顶管、铸铁管顶管、塑料管顶管、复合管顶管等五类。一般小口径以上的管子以复合管、混凝土管和钢管为多数，塑料管为次之。

（4）按工具管或掘进机（有的连管道）内有无充压缩空气分类，分为气压式顶管和非气压式顶管两类。气压式顶管又分为全气压顶管和局部气压顶管两种。即在工具管或掘进机（管道）内全部都充气压的称全气压顶管；仅在工具管或掘进机（管道）的局部充气压的为局部气压顶管。

工具管是指具有导向功能的、作业人员可在里面进行挖土、纠偏、测量等一系列工作的有刃口的钢管。如果挖土工作不是用人工，而是用机械，同时又具有工具管功能的，称之为掘进机。

（5）按管道走向分类，分成直线顶管、曲线顶管和复合顶管三种。即设计管道中心轴线走向是一条直线，则其顶管为直线顶管；设计管道中心轴线走向是一条曲线，则其顶管为曲线顶管，包括两段相反方向弯曲的圆弧组成的所谓"S"形顶管（这是较为复杂的顶管）；设计管道中心轴线走向是一条直线和曲线的复合，则其顶管为复合顶管。

（6）按顶程的长短分类，分为短距离顶管和长距离顶管两种。长和短的界线也是无确切的标准。随顶管技术的发展而会随之变化。例如，日本的第一次顶管距离只有 6m，穿越一条铁路。如果从当时来看，那么二三十米的顶管应视为长距离顶管。顶管技术发展至今，二三十米怎么也说不上为长距离顶管。现在，一次顶程可达 2km 以上的，也是有之。但目前，大体上把一次顶进在 100m 以上的称之为长距离顶管，而 100m 以下的则称为短距离顶管，或称普通顶管。有的也把大于 500m 顶进距离称超长距离顶管。

3. 顶管施工的基本程序

顶管施工的基本程序为：施工前的调查→施工组织设计的制订→工作坑和接收坑的构筑→顶距的确定→工作坑的布置→初始顶进→正常顶进及偏差纠正→贯通→接口处理→收坑。

（1）施工前的调查

调查的主要内容有：道路状况、土质条件、工作坑和接收坑周围情况、地面建筑物及地下构筑物情况、老河道和老管道及老驳岸情况，以及与施工有关的各项调查。

（2）施工组织设计的制订

计划内容有：工程概况、现场组织网络、临时设施及施工现场平面布置、施工程序及技术措施、突发事故的处理对策、工程进度表、劳动力一览表、工作坑及接收坑、与顶进有关的计算、主要设备及使用情况一览表、供电与照明、安全管理及质量管理体系、各种辅助施工等。

（3）工作坑和接收坑的构筑

根据管道的口径、覆土深度、土质状况、顶力大小以及周围情况等确定工作坑和接收坑的构筑方式，有的是设计已确定了的。如是采用钢板桩，还是采用沉井或是采用其他哪一种方式构筑的，而后制定相应的施工组织设计，给予实施构筑。其中还应考虑安全等方面的因素。

（4）顶距的确定

这里顶距的确定并非是相邻井位间的顶进距离，而是根据设计井位间的距离长短、土质状况、管材抗压强度、承受能力以及采取的辅助措施、地下各种管线和构筑物及地面建筑物的情况、支管接入的部位和方式，地面交通状况等，确定首次顶进距离，即需要按放第一个中继间位置的顶距的确定。

（5）工作坑的布置

这是属于顶管前，准备阶段中重要工作之一。是指工作井构筑好以后的坑与坑间中线的放样，坑内设备、电源、照明的布置，坑周围地面设备和设施的安排，安全护栏和上下扶梯的落实等等。

坑内设备包括基坑导轨的安装。导轨是由钢轨、横梁和支座（垫板）组成。有轻型和重型之分。导轨基础有木的或混凝土的。安装有固定式和装配式两种。固定式直接由混凝土将导轨进行护轨；装配式则按轨距标准，把钢轨按在槽钢上，槽钢再与工作坑混凝土基础的预埋螺栓接合，位置标高正确无误后拧紧螺栓，横向用铁杆支撑或电焊等方式加以固定。

安装得好坏将直接影响和控制着管道顶进的方向和高程。这里应注意下列几个问题：

1）基坑导轨是管子出发的基准，不仅要求导轨本身要直，两轨导间要平行，而且要求导轨安放时要符合标准中的要求，即中线在全长内与管子中心线的误差不得大于3mm。两轨道的平面应在同一水平面上，且这个平面的高程应与设计要求的混凝土管的管内沟底标高相一致；

2）基坑导轨的前端应尽量贴近出洞的洞口。

3）基坑导轨的轨枕下应用硬质木板垫实。

4）基坑导轨绝对不能让它产生有任何细小的位移。可以在其左右用支撑牢固地撑住，前端也应支撑在前座墙上，或把整个基坑导轨预埋在基坑底板上予以固定。

油缸（千斤顶）在工作坑内布置方式常为单列、并列和双层并列式等。当采用单列布置时，应使千斤顶中心与管中心的垂线对称；采用多台并列时，顶力合力作用点与管壁反作用力合力作用点应在同一轴线上，防止产生顶进力偶，造成顶进偏差。根据施工经验，采用人工挖土，管上半部管壁与土壁有间隙时，千斤顶的着力点作用在垂直直径的1/4～1/5为宜。

（6）初始顶进

我们把工具管或掘进机和第一节管子顶入土中的这一顶进过程称初始顶进。它是整个顶管过程中最为重要的一个环节。俗语说：失之毫厘差之千里。在这个环节中，管道的左右、上下偏差稍有不慎，将影响整个顶进过程。因此，把初始顶进作为单独一项程序，务必要求做到初始顶进中各种偏差为最小，使偏差趋势合理。只有这样，才能保证以后的顶管质量。

（7）正常顶进及偏差纠正

进入正常顶进，必须严格遵守顶管操作规程进行操作。然而尽管初始顶进阶段把偏差控制在合理或最小范围，但顶进一定距离以后，总还会产生一定的偏差，这就需要我们认真地加以纠正偏差，简称为纠偏。这需要早发现早纠偏，避免"小洞不补，大洞吃苦"。也就是待偏差大了，就会出现无法纠偏的局面。为此，我们必须提倡"勤测量，勤挖掘，勤顶进，勤纠偏"这"四勤"原则。"勤测量"，就是要及时观察到顶管偏差的发生和发展；"勤挖掘""勤顶进"，也就是挖掘和顶进应密切配合好，挖一点顶一点，顶一点，挖一点，每次顶进距离不宜过长，不要一挖很多，一顶很长，这样非出质量和安全事故不可；"勤纠偏"就是一发生偏差就立即纠偏，不能等偏差大了，再来进行纠偏，这样，一是可能纠不过来，二是，即使被纠偏过来了，其顶进轨迹——管道线形将波动太大。严重影响工程质量。

（8）贯通

其实，贯通工作的程序应在工具管或掘进机将达到接收坑一定距离，就应当进入该程序。因为贯通也就是指工具管或掘进机从土中进入接收坑的这一过程。在离进入接收坑前一定距离时，即贯通前，应仔细测量一下工具管真正所处的位置，看看有无进洞的可能。当工具管接近接收坑洞口时，最好用钢筋戳穿土层，量一下工具管离井壁的距离，准确测出工具管的位置所在。并在此之前，除去洞口的封堵墙，作好进坑的准备工作。

（9）接口处理

它是每一个管子相接时必须要进行的工作，包括工具管或掘进机与第一个管子，中继间与管子，及中继间拆除以后，管子合拢后的接口处理。处理方式要针对不同管子而不同，有的需要做内接口，有的需要嵌各种填料等，这些在设计图纸上都有明确规定，必须按规定认真去做。

（10）收坑

是指管子全线贯通以后的工作坑内设备的拆除，工作坑或接收坑内流槽的浇制，以及支管的连接等一系列土建收尾工作的全过程。如果要求很高的顶管工程，还应包括有充填浆的灌注等一些特别措施在内，一直到路面的恢复为止这一全过程。只有这样，一个完整的顶管过程才能算结束。

（二）顶管施工常用的材料和设备

本节只是介绍通用的顶管材料和设备，不包括各类工具管或掘进机，有关工具管及掘进机方面的内容，则在其他有关章节中加以介绍。

1. 管材

（1）顶管管材的基本要求

1）要能承受较大的轴向推力。

2）管接口必须有较好的密封性。

3）对管子的制作精度要求较高。

到目前为止，顶管所采用的管材虽然有钢筋混凝土管、钢管、塑料管、铸铁管、陶土管、玻璃纤维加强管等等。但用得最多的是钢筋混凝土管，其次才是钢管。

（2）管材接口

就钢管而言，接口全部采用焊接式的，质量比较容易掌握。而钢筋混凝土管最常用的顶管接口有三种类型：平口式（T形钢套环式）管接口、埋入式钢套环式管接口和企口式管接口等。

1）平口式（T形钢套环式）管接口

如图 10-2 所示。该接口结构简单，柔性较大，不易漏水，顶管施工后接缝可不加任何处理。但安装麻烦，施工中容易受到破坏，钢质会被腐蚀。现在已很少采用。

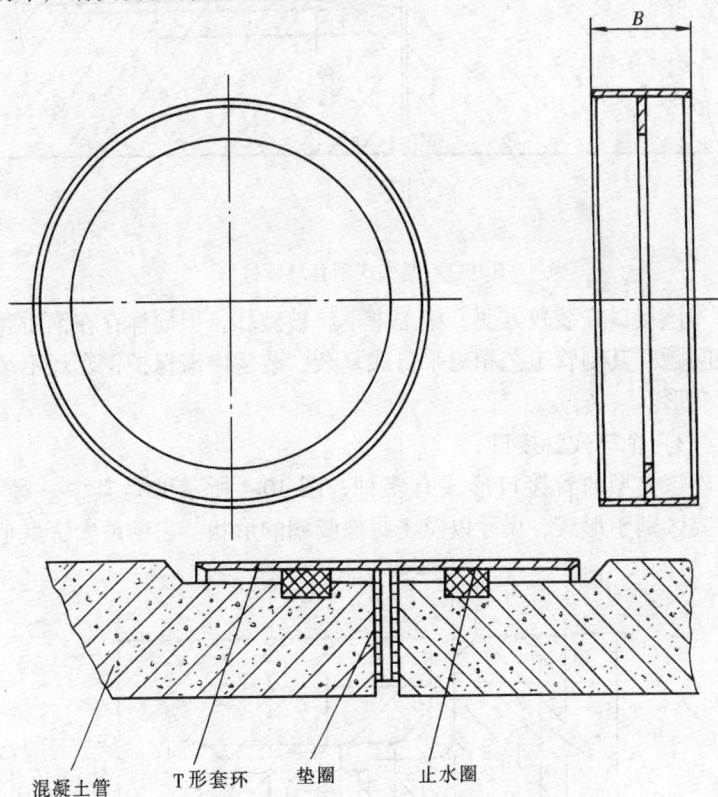

图 10-2 平口式（T形钢套环式）管接口

2）埋入式钢套环管接口

这种类型的管接口是在管子制作时，把一个钢环的一半预埋在管的一端而成的，如图 10-3 所示。

当管子与管子连接时，只要把管子无预埋钢环的一端装上橡胶止水圈后，插入相接管子有钢环的一端即可。在顶进过程中，始终是无钢环的一端放在前，有钢环的一端放在后。

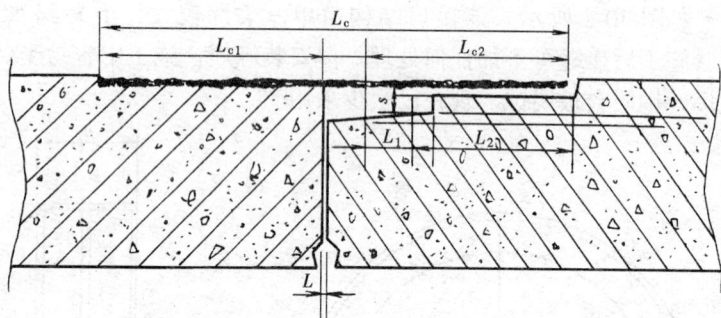

图 10-3 埋入式钢套环管接口

该接口安装较方便，施工中不易被破坏，但同样存在钢质腐蚀问题。其制管工艺相对平口式复杂，装运中需保护钢套环不产生变形。

3）企口式管接口

该类型的管接口形式有多种，图 10-4 所示的是其中一种。主要区别于形式、尺寸以及密封橡胶圈的形状。它的最大特点是

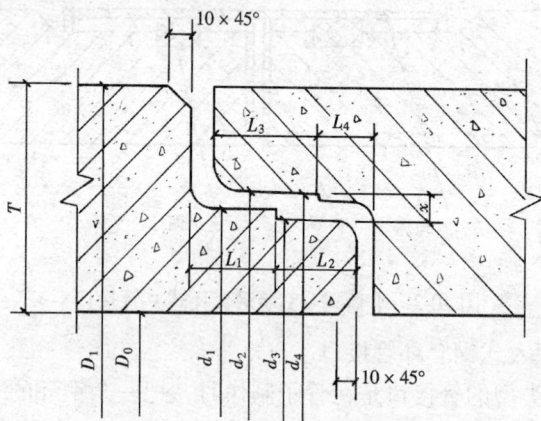

图 10-4 企口式管接口

不存在钢质腐蚀问题。但在顶进时，承受推力部位仅为管壁全厚的一半左右，且接口的柔性也比以上两种差。这使管子承受轴向

240

推力大为减少，只得采用提高混凝土强度的办法加以弥补。因此，这类接口管子的混凝土抗压强度都在 50MPa 以上。

2. 基坑导轨

基坑导轨有铁路钢轨、型钢或型钢组合件等制成，与横梁、支座垫板共同布置在基坑内，为搁置机头（工具管或掘进机）和管子所用。它的长度至少要超过机头长度及管节长度的两倍以上，考虑到主顶油缸也架在基坑导轨上的话还得增加长度。

3. 顶铁

一般由铸铁整体浇铸或采用型钢焊接成型。设有吊装环，便于搬动，还备有锁定装置，避免受力时发生"崩铁"事故。它是传递顶力或弥补油缸行程不足的设备。根据顶铁的作用和安放的位置不同，可分为顺顶铁、横顶铁、U 形顶铁（马蹄形）及圆环形顶铁。

由于顺顶铁、横顶铁容易发生安全事故，已不太使用。现在多数使用圆环形和 U 形顶铁两种。如图 10-5 所示

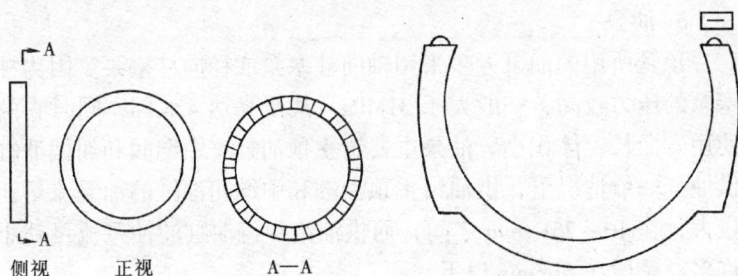

侧视　　正视　　A—A

图 10-5　圆环形和 U 形顶铁

U 形及圆环形顶铁的内、外径尺寸与管子端面尺寸相适应，宽度略大于管子的壁厚。一般大口径管子采用圆形，小口径管子采用 U 形。使用时最好在混凝土管端接触面上能胶上一环硬木或硬橡胶垫，以便保护管口。

U 形顶铁的放置方法有两种，一种是缺口朝上，另一种是缺

口向下扣在基坑导轨上。前一种，大多用在人工挖土顶管，挤压顶管和不采用管道输送泥水、泥土的各种顶管。有利于出土。而后一种，用于管道输送泥水、泥土的各种顶管，这对于每次吊装顶铁，就可以省去拆装管道的麻烦。

4. 主顶油缸（千斤顶）

主顶油缸（千斤顶）又称为"顶镐"，是掘进顶管的主要设备之一。目前大多采用液压千斤顶，即油缸。有单作用和双作用的油缸，有柱塞式和活塞式两种。单作用油缸，其反向作用需借助外力，故施工中主要使用双作用油缸。

用于顶管的双作用油缸有三个基本特点，一是工作行程长，可达 1500mm 左右。二是推力大，每只至少在 100~200t 左右。三是主顶油缸的工作压力高，在 31~42MPa 之间。

近来大多采用一种结构新颖的双冲程等推力油缸。它具有内套式两节柱塞油缸，油缸的两节推力非常接近（普通双冲程油缸的推力不相等），采用这种油缸可以不用 U 形顶铁，既加快了顶管速度，又给管理带来了方便。

5. 油泵

顶管所用的油泵大多采用轴向柱塞泵或径向柱塞泵。因为柱塞泵的压力较高，一般大于 31MPa，甚至高达 42MPa；同时它的使用寿命长，体积小。油泵主要给主顶油缸、中继间和纠偏油缸供油。一般情况下，供油给主顶油缸和中继间油缸的油泵流量比较大，在 10~25L/min 之间，而供油给纠偏油缸的油泵流量就小许多，一般在 5L/min 以下。

油缸和油泵的液压附件有高压软管、安全阀、换向阀和油箱等。

主顶油缸、配套油泵、电动或手动换向阀以及油管等辅助配件构成主顶液压系统。主顶油泵提供压力油，然后经电动或手动换向阀把压力油通过油管等辅助配件，供于主顶油缸的后腔或前腔而使主顶油缸伸缩的。因此，四者中缺一不可。

（三）顶 管 掘 进 机

1. 顶管工具管

顶管工具管主要应用在人工掘进顶管中，它不能称为掘进机，所以称为手掘式工具管，如图 10-6 所示。它有无网格式和有网格式两种，都具备纠偏油缸。网格主要起到稳定工具管前方土体的作用。前者适用于土质条件较好的粘性土或通过降水的砂性土中。后者适用于含水量高的软土层中。纠偏用油缸一般有两种布置：上下左右十字形布置和上下各布置两个为一组的井字形布置。现在大多数采用井字形布置。原因是它的纠偏力量是十字形布置的一倍，拉力同样也增加一倍。但这种布置必须以相邻两组油缸为一个动作组合单元，决不能只用一只纠偏油缸来进行纠偏。否则达不到纠偏的目的。

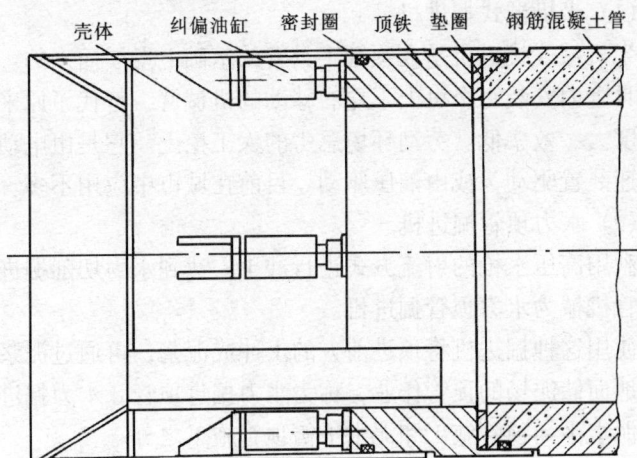

图 10-6　顶管工具管

一种改进型的工具管还把工具管分成前后两节，中间有一个可活动的铰。这个铰可在纠偏油缸的作用下分别向上下左右各个方向摆动。

顶管工具管由刃口、管身、管尾、纠偏油缸和网格等五大部分组成。刃口部分有时会安装网格。如图10-7所示。若把刃口部位用挤压口替代，则就成了挤压式工具管。

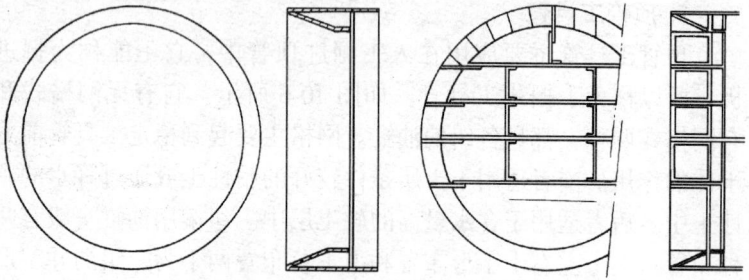

图10-7　无、有网格工具管

(a) 无网格；(b) 有网格

2. 顶管机械掘进机

（1）半机械式掘进机

半机械式掘进机是在顶管工具管的基础上发展而来的。在顶管工具管内安装一个可上下左右移动的机械臂，替代了原来的劳动强度大、效率低、劳动环境恶劣的人工挖土。它是由电动机带动减速装置驱动，或由液压驱动。目前在城市中应用不多。

（2）水力顶管掘进机

利用高压水枪的射流方式进行冲土，达到水力切削掘进效果的顶管机械为水力顶管掘进机。

使用这种掘进机将顶进前方的土冲成泥浆，再通过泥浆管输送到地面储泥场的顶管作业，称为水力掘进顶管。水力掘进顶管有无泥水平衡顶管施工和泥水平衡顶管施工之分。

1）水力掘进工具管

水力掘进工具管工地上称网格水冲式工具管。如图10-8所示。用于无泥水平衡顶管施工中。

2）泥水平衡式顶管掘进机

泥水平衡式顶管掘进机采用水力切削泥土，水力输送弃土及

244

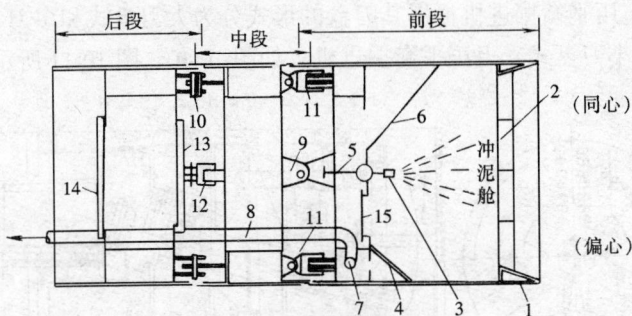

图 10-8　水力掘进工具管

1—刃脚；2—网格；3—水枪；4—格栅；5—水枪操作把；6—观察窗；7—泥
浆吸口；8—泥浆管；9—水平铰；10—垂直铰；11—上下纠偏千斤顶；12—左
右纠偏千斤顶；13—气阀门；14—大水密门；15—小水密门

利用泥水压力来平衡地下水压力的顶管施工机械。如图 10-9 所示。用于泥水平衡顶管施工。其优点是适用土质范围比较广；推进速度较快；适宜于长距离推进；对周围环境的影响和地面沉降相对减小。当然，施工占地面积大、机具设备量多、大口径泥水处理量大是它的不足。

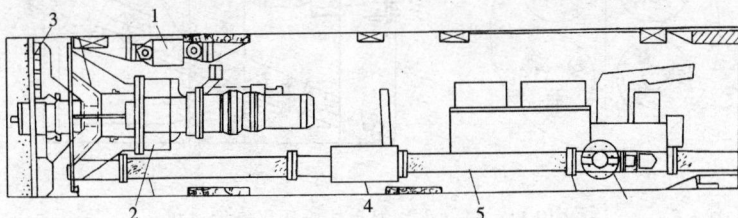

图 10-9　泥水平衡式顶管掘进机

1—纠偏千斤顶；2—喷嘴旋转系统；3—喷嘴；4—进出水管；5—水管阀门

（3）机械顶管掘进机

采用机械切削土体的形式进行挖土，并将切削下来的土由螺旋输送机排出的顶管掘进机为机械顶管掘进机。通过掘进机土仓内的压力与所处土层的主动土压力取得平衡的为土压平衡掘进机。否则为一般的机械顶管掘进机。

245

土压平衡掘进机根据其刀盘的形式分为大刀盘式和多刀盘式（也称小刀盘式）土压平衡掘进机。如图 10-10、图 10-11 所示。

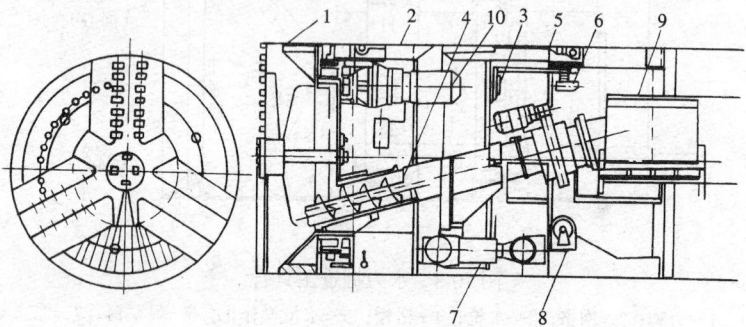

图 10-10　大刀盘式土压平衡掘进机

1—刀盘；2—壳体；3—压力表；4—螺旋输送机；5—密封橡胶圈；6—测量
砚标；7—纠偏千斤顶；8—压重平衡块；9—出土箱；10—刀盘驱动马达

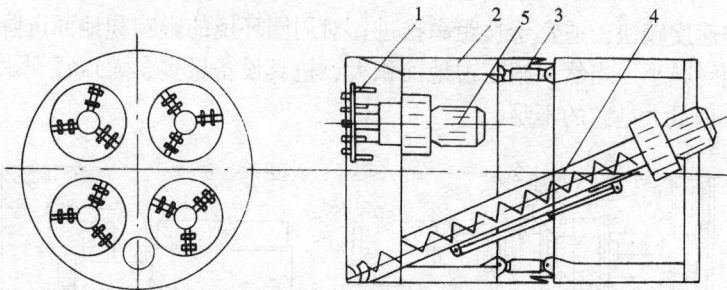

图 10-11　多（小）刀盘式土压平衡掘进机

1—刀盘；2—壳体；3—纠偏千斤顶；4—螺旋输送机；5—刀盘驱动马达

1）大刀盘式土压平衡掘进机

该机是将一个刀盘设置在土压平衡掘进机前端全断面上，相对多刀盘一个断面上设置几个刀盘而言，是一个大刀盘。其刀盘有可在泥水仓前后移动的和不可移动的两种。刀盘形式有辐条式和面板式。辐条式刀盘将切削下来的土直接通过辐条间进入泥土仓，而面板式刀盘将切削下来的土，从刀头与刀盘之间的空隙或由面板上开孔进入泥土仓。前者切削量小而进土快,并对切削下来的土有搅拌作用;后者切削量大而进土慢,适用不易切削的土体。

大刀盘式土压平衡掘进机的最大的特点是土压力均匀度大,可以通过泥浆注入孔注入泥浆对土质进行改良,这就扩大了它的适用性。当然,它的结构复杂,造价比较高又影响了人们对它的选择。

2) 多刀盘土压平衡掘进机

一个断面上安装多把切削搅拌刀盘的土压平衡掘进机,即为多刀盘土压平衡掘进机。主要适用于软土地层。一般以四边刀盘最为合理。它具有刀盘超负荷保护功能、结构简单、自重轻、制造容易、造价低、操作方便、维修快、吊装运输不麻烦、掘进偏转少、施工安全、效率高等优点。

(4) 气压式顶管掘进机

将气压式顶管施工限定在局部气压式顶管施工范围内,则就需要使用气压式顶管掘进机。它相对于全气压式顶管施工,用气要求低,施工成本少;由于使用了气压式顶管掘进机,使操作人员都在常压下工作,其安全性、可靠性、高效性明显提高。

气压式顶管掘进机可由半机械式的掘进机改造而成,如图10-12所示。也有专门制造一个气压式顶管掘进机,即在全密闭切削掘进机中安置一个可以向泥土仓内充气装置的掘进机。

(5) 其他顶管掘进机

随着非开挖事业的发展,顶管施工也随之日益俱增。适应各种环境和需求的其他顶管掘进机层出不穷,这里仅举几例。

1) 混合型顶管掘进机

水力顶管掘进机的切削方式采用刀盘形式,形成大(多)刀盘式泥水平衡顶管掘进机;装上充气装置,又成了气压式泥水平衡顶管掘进机。

水力顶管掘进机改造成密闭型工作仓,装上充气装置,成为气压式水力顶管掘进机;将机械顶管掘进机改装成气压式顶管掘进机等等。

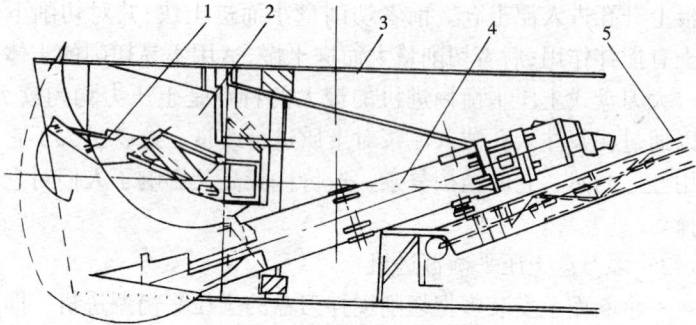

图 10-12 气压式顶管掘进机
1—挖土机械手；2—充气挖土工作室；3—壳体；
4—螺旋输送机；5—皮带输送机

把具有破碎功能的系统装置，安装在水力顶管掘进机、机械顶管掘进机上，便成了破碎型泥水平衡顶管掘进机、破碎型土压平衡顶管掘进机等。

在螺旋输送器头部安装钻头直接采用了螺旋输送器进行钻土、送土的微型顶管机。

2）矩形顶管掘进机

适应城市地下通道的网格式矩形顶管掘进机、大刀盘式矩形顶管掘进机在上海诞生。

4m×6m偏心多轴矩形顶管掘进机在上海研制。

3）顶钢管掘进机——专门适用顶钢管的掘进机。

（四）手 掘 式 顶 管

1. 手掘式（人工挖土）顶管的基本操作

基坑开挖、辅助施工及使用手掘式顶管掘进机顶管是三个基本操作。

（1）基坑开挖

基坑一般有土坑、桩式（钢板桩、混凝土板桩、深层搅拌桩、树根桩、旋喷桩、钻孔灌注桩、SMW 工法桩等等）支护坑、连续墙支护坑、沉井坑等。

开挖前，要针对不同基坑确定不同挖土方法。对需要达到一定强度的基坑，务必等强度达到以后，方可进行坑内挖土。当坑内需要配以支撑的基坑，土挖到一定深度时，就必须实施支撑措施。要做内衬结构的，事先应有方案和计划。

（2）辅助施工

辅助施工常有井点降水，深井降水，注浆等。这里必须对井点降水所产生的土体固结沉降影响不可忽视。务必注意对周围建筑物和环境的影响。

（3）手掘式顶管

1）主顶油缸的布置

主顶油缸的规格和数量根据顶力大小决定，一般在 1～6 台之间选择。当使用两台以上主顶油缸时，其规格应一致，油路必须并联联接，行程必须同步，各台油缸承受压力相等。每台油缸的使用顶力不宜大于极限顶力的 70%。

主顶油缸的安装必须垂直于后座墙，即与管道顶进中轴线平行，使用一台油缸时必须居于管道中心线上，使用两台及以上油缸时必须保持对称。使用 4 台以上时，则要搭置油缸支架。油泵尽可能布置接近油缸处。

2）主顶油缸的操作

使用油泵前需检验限压阀、换向阀、溢流阀及压力表等装置的有效性；启动油泵开顶时速度需缓慢，即用控制阀对油缸逐渐加压，当管道已顶动时再增大油量，加快顶进速度，并观察压力表，如发现压力表数值突然增大或指针显示颤抖跳动现象应暂停顶进，放松回油阀，检查原因，进行处理，试顶正常后才能继续顶进；顶进时，每台油缸行程按小于额定长度 10cm 控制，退缩时，控制油缸速度，压力不能过大，以防止油缸密封圈破裂。

3）顶进中的情况处理

工具管使用中，注意把它的后面一节与第一节混凝土管联接在一起。否则，前面一节工具管将起不到应有的转向作用，达不到纠偏的目的。工具管的纠偏角度不宜大于 2.5°，一定要慢慢地进行，千万不可大起大落。

下面介绍影响偏差的常见因素及正确处理的方法，供参考。

①出现塌方时进行"闷顶"

"闷顶"就是不顾具体情况，"闷着头"将工具管和道管直往前方顶。这是一种蛮干的表现。在顶管作业中是最不允许的。这样做，势必造成管道偏高的后果。其道理很简单，因为塌方后，前面土体成一定的坡度，工具管前端的上方空而无土，此时，工具管前顶，受到土体反力下大上小，工具管不就马上爬坡吗？造成后续的道管偏高。所以，应该在找出塌方原因，并在排除再次塌方的情况下缓慢顶进，才是正确的操作方法。

②断面中土质不均匀时"闷顶"

顶管中遇到断面中土质不均匀是常有的事，造成不均匀的原因有许多。此时也不能采用"闷顶"的方法来解决。因为当有断面中土质不均匀时，对工具管面临"软硬兼施"可能是一边硬，一边软，也可能上部硬下部软的情况。要是采取"闷顶"，工具管会偏向土质软的一边，造成管道偏差。一般情况下，只要掌握了工具管的这一特性，挖土时把工具管前方土质较硬的一边多挖点，可以避免管道的偏差。但对于土质不均匀的原因一定要找出来，彻底加以纠正方是上策。

③出现顶力偏大仍是"闷顶"

顶力大了以后，就会发生管子被顶碎，后座墙被推动，被破坏，使顶管工作无法进行而告失败。造成顶力偏大的原因往往是地面上堆有重物、前方遇到了地下障碍物、润滑浆注入太少或太稀薄甚至润滑浆漏浆，使包裹在管子外的浆套无法形成等。因此，出现顶力偏大应分析原因，针对性地采取措施。

④观察结果有误

仪器观察不认真或者是观察者不熟悉，所报的观察结果和实际偏差方向相反，这样就会越纠越偏，有可能造成无法挽回的损失。因此，测量人员一定要经过严格培训并且要有高度的责任心，杜绝发生不必要的事故。

2. 挤压顶管

挤压顶管也属于手掘式顶管之一。它是一种不出土或少出土的高效顶管施工。但它要求覆土深度深，适用的土质条件必须是可塑性的软黏土，所以使用也受到一定的限制。挤压顶管主要控制管子的偏差和顶力的大小。否则，将造成顶管的失败。

不出土一般用于超小口径的挤压顶管，少出土用于其他口径的挤压顶管。少出土的工具管有两种结构形式。一种是与人工挖土顶管的结构基本相同而喇叭口的收缩量（达 2:1）比较大，当然功能不一样，主要让工具管前方的土在顶进时能象牙膏一样地挤进来。另一种工具管结构形式外形如同横放着截去尖头的垂球，前部的直径比所顶管子外径小，后部外径与所顶管子相同，内部仍然是一只喇叭口的钢制壳体。这样一部分土被挤向四周，另一部分从喇叭口中挤入。

（五）气压式顶管施工

气压式顶管不同于其他形式的顶管。它对土质和周围环境等有着特定的要求，它的使用是有条件的。首先，在透气性的土质中，它是很难使用的，因为大量漏气使它无法工作；在覆土深度太浅以及覆土层中没有不透气的黏土层，也是不适宜于采用。一旦地面产生裂缝，极容易造成大量漏气，对地面环境造成破坏，本身的作业面气压无法建立，顶管被迫终止。

最适用于气压施工的土层应是粉砂层及粉砂夹黏土的土层。若是较软的土层，挖掘面又不稳定，也可以采用局部气压式顶管施工，但此时的气压应适当地调高一点。

一般情况下，气压式顶管大多用在大口径顶管中。因为在大口径顶管中，气压比较稳定。相反，在管径较小的情况下，气压不容易稳定，作业人员也容易疲劳。由于气压顶管有较大的危险性，因此，施工中必须注意以下几点：

（1）在气压条件下作业的人员，必须经过严格的健康检查，合格者方可进行气压顶管作业。

（2）作业人员容易疲劳，工作效率降低约 20%～50%左右，应配足人员，实行定时轮换作业。

（3）要配备专职的安全检查人员和必要的设备，以确保安全施工。

（六）管道顶进检测、纠偏及注浆减摩

1. 管道顶进检测

管道顶进中的"四勤"操作法，包括了勤测的一项，这也就是顶管管内检测的一部分；然而，在市内密集区顶进时，为了对地面建筑物和地下管线的扰动控制，必须进行对地表变形、土体位移和建筑物的沉降进行测量和观测，确保建筑物及地下管线的安全和正常使用，这是管道顶进检测的又一个内容。

2. 纠偏

"四勤"中的勤纠，就是指顶管中的纠偏。纠偏一般采用挖土校正法、顶木校正法和机械纠偏法。

挖土校正法、顶木校正法在手掘式顶管中使用。当管子偏离设计中心一侧，则挖土在另一侧适当超挖，偏离侧少挖或留台，经继续顶进，借预留土体迫使管首逐渐回位的方法称为挖土校正法。使用此法一般是偏差值较小（约 1～2cm）时采用。在管子偏离时，采用圆木或方木，一端顶在偏斜反向的管子内壁上，另一端支撑在垫有木板的管前土层上，通过顶进时，利用顶木产生分力使管子得以校正，这就是顶木校正法。

机械纠偏法主要通过机械操作达到纠偏的目的。凡是装有纠偏油缸的掘进机，就利用油缸的编组操作实施纠偏。在封闭式顶管掘进机顶管中，利用切削刀盘上可收缩的超挖刀，超挖正面局部土体，达到纠偏效果。

不论什么方法进行纠偏，每次纠偏量不要太大，绝对禁止猛纠偏，否则其后果不堪设想。特别发生较大偏差时，要采用分次逐步纠正，勤调微纠，此时最容易产生大偏大纠的急燥情绪，千万要注意。要是偏差超过质量标准务必停止顶进，分析原因，制定措施，以利再顶。

3. 注浆减摩

注浆减摩是顶管施工中的一个重要措施，施工中称泥浆套顶进，就是将触变泥浆注入所顶管子四周，形成一个泥浆套层，用以减小顶进的管子与土层的摩擦力，并能防止土层坍塌，减小了由于顶管过程中所产生的地面沉降。在砂性土中，不采用注浆减摩，摩擦阻力有时可达 $25kN/m^2$ 以上，如果注浆减摩的效果较好，则可使摩擦阻力降低到 $3 \sim 5kN/m^2$。因此长距离顶管中，常和中继间配合使用。

注浆减摩的浆液（触变泥浆）配制有两类，一类是以膨润土为主掺合一些辅助材料，如分散剂、增凝剂等，加水并不断搅拌均匀后搁置 $2 \sim 4h$ 即用。另一类是采用吸水后体积迅速扩大的高分子材料为主体，适当地加水搅拌调制而成的。这高分子材料是专门为顶管减摩而生产的弹性树脂，是一种微小的具有弹性的吸水率极高的颗粒状材料。在水中，该材料可吸收相当于颗粒自重数百倍的水，而后体积膨胀到 $0.5 \sim 2mm$ 左右的球状颗粒。造成浆液不易在土体中扩散，即使遇地下水时，也不容易被稀释，减摩效果明显。体积膨胀比膨润土大近百倍，它的使用不受顶进停止时间影响，而降低起动减摩功能。而且调制也比膨润土浆液简单，加水稍加搅拌就可以了。

注浆减摩的效果除了与注浆材料有关外，还与注浆泵选择、注浆孔的设置及注浆操作工艺有关。

（七）顶 管 中 继 间

顶管中继间是增加顶进长度的重要工具。因为顶管的顶进长度随管子入土长度的增加而造成顶力递增，在管材、后座等承受能力的限制情况下而受到制约。尽管采取增加混凝土管的抗压强度和减小顶进中的摩擦阻力的措施，但一次顶进长度仍然十分有限。只有使用顶管中继间后，才发生顶进长距离的突破。

顶管中继间的结构是一个钢制的特殊管子，它安装在相邻两节混凝土管之间，并有止水圈以阻止泥水的渗漏，其管子的外径与混凝土管外径一致，前端与混凝土管固定联接，后端与混凝土管可相对运动，沿管内壁设置有许多台油缸。

为确保顶管中继间与混凝土管间达到可靠相对运动，凡紧挨中继间后面一只混凝土管往往采用一种特殊的专用管，其上面的止水圈要有一定的耐磨性，并能注以润滑剂。

顶管中继间的使用程序：

主顶油缸顶进结束后未缩回→慢慢伸出中继间油缸把工具管和混凝土管子徐徐顶向前进，达到规定行程时，面上停止其顶进。但把控制阀放在能让中继间油缸回油的位置→缩回主顶油缸，卸管子就位→继续主顶油缸的顶进，使前进的管子压缩中继间油缸回油，闭合中继间顶距，结束后未缩回→……

这样，依次重复直到把管子顶入接收坑。如果是许多套中继间，只需要按上述程序，从最前面一套往后，一套一套地动作就可以了。

在施工时，当主顶油缸的推力达到了设计总推力的 70%时，就必须安装中继间。当主顶油缸的总推力达到设计总推力的 80%时，就应该启动安装好的中继间。留有 20%左右的余地，防止顶进过程中可能出现的不正常状况。

当工具管从接收坑中被顶出后，首节管子按设计要求就位，就可以从前到后依次合拢中继间了。首先是把第一只中继间的油缸和附件拆完，并把中继间内打扫干净，然后，让第二只中继间顶进，或者让主顶油缸顶进使第一只中继间合拢。如果中继间数量比较多，同样依次合拢就可以了。

使用中继间应注意：

首先，不能超过油缸的规定行程。否则将损坏油缸，使顶进受阻。尤其在管子的转弯处容易发生此类问题。管径越大就越会发生。通常不把行程用足，留有 20mm 左右的余地。

其次，中继间在安装和使用过程中，都不能破坏其止水圈，不能让中继间产生漏水漏泥的现象。一旦产生了漏水漏泥现象，就会发生地面下陷剧增、顶进阻力猛增等一系列较严重的后果。

(八) 长距离顶进与曲线顶管

1. 长距离顶进

顶管中，一次顶进长度受设备能力、管材强度、后背强度及操作方法等因素限制，一般一次顶进长度约 40~60m。随着顶管技术的日趋完善，尤其采用中继间顶进、注浆减摩（泥浆套减阻）等方法，提高了一次顶进长度，并实现长距离顶进与曲线顶管的目的，使原来世界上首次顶进的 6m 增加到 1~2km。

从理论上讲，只要增加中继间的数量，就可以使顶管的一次顶进距离无限增长。但是，中继间用多了，顶进中的故障也就会增加，势必影响到顶进速度。其次，中继间用多了，给操作带来了麻烦，使每套中继间之间相互动作趋于复杂。因此，实际上也还是会受到限制。

为长距离顶进创造条件，提高管子的强度是一条有效的途径。顶进距离与顶力是成正比的。增加顶进管的抗压强度。在相同的条件下，管子的抗压强度越高，它承受的顶力也就越大，一次顶进的距离也就越长，反之，则相反。

进行长距离顶进的另一个技术关键问题是测量。只有解决好以上这些问题才能进行长距离顶进。为此，国内外在顶管长距离测量技术方面开展了大量的研究和探索，上海市第二市政工程有限公司经过多年的研究实践，已研制出了"雄鹰测量系统"在长距离顶管和曲线顶管的工程实际中大量使用，取得很好效果，并取得了专利。

2. 曲线顶管

曲线顶管往往和长距离顶管有着密不可分的关系。但是，曲线顶管有比直线顶管更特殊的一面，比长距离顶管施工更为复杂、技术难度更高。影响曲线顶管的因素有许多，简要说明如下。

（1）掘进机

一般说来，凡是适用于直线顶管的掘进机，都能用来作为曲线顶管。惟一要注意的是，掘进机的机身不能太长，太长则弯曲时不太容易。如果专门制作用于进行曲线顶管的掘进机，最好采用三节式，且每两节之间都设有校正方向的油缸。

（2）曲率半径与顶力

同样的顶进长度，曲线顶管的顶力要比直线顶管大得多。并且这种顶力的增加是随着曲率半径的逐渐减小而增大的。例如，当曲率半径为200m时，顶力为直线顶管的1.07倍；而曲率半径减到100m时，顶力为直线顶管的1.14倍；如果曲率半径减小到50m时，其顶力增加为直线顶管的1.33倍。

（3）管材的管端接触

曲线对于管材来说，是由每节管子的折线所组成来取代的，每两节管子之间就会有一定的张口，而且这样的张口是随曲率半径的减小而增大的，使管子的端面之间不像直线顶管中全断面接触状态，而是接触面较小的不良状态，这就会使管子端面产生应力集中，使管子受到破坏。

（4）管子长度

由于曲线是由管子的折线来取代的，因此，管子越短，也就越容易使曲率半径减小，故有的曲线顶管就根据这一道理，把原来长2m左右的管子，做成1m长的管子，甚至更短。在曲线顶管中，仅对管子进行改进，利用直线顶进的设备进行曲线顶管，获得的成功，称之为半管顶进。

（5）曲线顶管的测量

这是一个不可忽视的因素。事先必须仔细地进行坐标的计算，并列成表格，让操作者每顶进一段距离进行测量和检测。复杂地段应使用专门的设备和仪器，如"雄鹰测量系统"等，使其成功率达到最佳状态。

（九）顶管质量标准与施工安全

1. 顶管质量标准

中华人民共和国行业标准《市政排水管渠工程质量检验评定标准》（CJJ 3—1990）中第三章第五节明确规定了顶管的质量检验评定标准。摘录如下：

第五节　顶　　管

第3.5.1条　接口必须密实、平顺、不脱落。

第3.5.2条　内涨圈中心应对正管缝，填料密实。

第3.5.3条　管内不得有泥土、石子、砂浆、砖块、木块等杂物。

第3.5.4条　顶管工作坑允许偏差应符合表3.5.4的规定。

第3.5.5条　顶管允许偏差应符合表3.5.5的规定。

顶 管 工 作 坑 允 许 偏 差　　　　表3.5.4

序号	项　　目		允许偏差	检验频率		检验方法
				范围	点数	
1	工作坑每侧宽度、长度		不小于设计规定	每座	2	挂中线用尺量
2	后背	垂直度	0.1%H	每座	1	用垂线与角尺
		水平线与中心线的偏差	0.1%L		1	
3	导轨	高　　程	+3mm 0	每座	1	用水平仪测
		中线位移	左3mm 右3mm		1	用经纬仪测

注：表内 H 为后背的垂直高度（m）；

　　　L 为后背的水平长度（m）。

顶 管 允 许 偏 差 表 3.5.5

序号	项 目		允许偏差（mm）	检验频率		检验方法
				范围	点数	
1	中线位移		50	每节管	1	测量并查阅测量记录
2	管内底高程	$D < 1500mm$	$+30$ -40	每节管	1	用水准仪测
		$D \geqslant 1500mm$	$+40$ -50	每节管		
3	相邻管间错口		15%管壁厚且不大于20	每个接口	1	用尺量
4	对顶时管子错口		50	每个接口	1	用尺量

注：表内 D 为管径。

要达到以上各条标准，不仅仅需要操作人员的努力，还必须从管理、设备的选择和完好、材料供应的及时和优良、方案的正确可行等方面共同努力。在全面质量管理的基础上下功夫，才能取得良好的效果。

但有的标准有它的针对性，如标准中涉及到的接口，针对有内外胀圈的老式接口而言。随着顶管用的混凝土管接口形式不断改进，使其处理越来越简单，且接口也越来越可靠。相对我们操作更应高标准严要求，无论是在采用 T 型钢套环接口、埋入式钢套环接口，还是采用企口型管接口，都必须保持管接口的完好无损。此外，还必须正确安装各种止水圈及粘贴好管端的缓冲衬垫，只有这样，才能保证今后的管接口处不渗不漏。

2. 顶管施工的安全

（1）由于顶管是井下作业，相对井底它也是高空作业。因此，首先要防止坠落事故，加强临边保护。井的四周要安装栏杆；扶梯要有扶手，最好能在 2m 左右设一个拐弯。其次要防止打击事故。强调进入施工现场者必须戴好安全帽；井周围要清理干净，防止物体落入井下；严格遵守安全起吊的各项规章制度，操作人员持证上岗；在起吊重物时，基坑中不允许留人，配合人员只有当起吊物下到安全高度时，人才能够进入工作区进行工作。

（2）顶管又是在地下作业，由此必须遵守地下作业的安全要求。首先要防止缺氧，必要时采取送风措施。尤其是在人工挖土、顶进小口径管，甚至顶进距离又比较长时，更应注意防止缺氧事故，可以利用鼓风机把新鲜空气送到挖掘区的作业面。其次，要防止有毒有害气体中毒事件的发生。定期或不定期地对操作现场进行气体有害成分的测定，发现情况立即采取措施。现场人员随时注意施工环境，一经遇到空气中有异味时，及时通知人员撤离现场，并报告安全部门，进行气体的检测。在安全部门认定是安全时，才可继续作业。要注意焊接、防腐涂料等作业中，产生的有毒有害气体造成对人体的危害。再次，要防止突发性的塌方、突发性的涌水事故。必须做好事故发生的应急预案。使一旦事故发生，能把损失降到最低或是零损失。

（3）机械伤害事故的防范。除了与其他作业有相同的以外，由于主顶油缸安放不当造成油缸左右位移，由此引起人身伤害事故。为了防止这类事故发生，主顶油缸应该安放在可靠的油缸架内，后靠背与主顶油缸要垂直，且不易变形。

（4）安全用电。顶管作业中也极容易发生触电事故。严格做好接电接零的保护装置，安装漏电保护器，建立安全用电的检查制度。严禁将非低压电接入工作坑和管道内。

十一、排水工程的施工组织与管理

（一）排水工程的施工组织

随着国民经济的不断发展，城市基本建设的不断扩大，市政工程的社会化生产程度的提高，排水工程的施工已成为规模大、范围广、涉及多系统（单位）的复杂的生产活动。因此，如何组织、计划一项拟建排水工程的全部施工，寻求最合理的组织与方法，是取得全面的经济效益和社会效益的可靠途径。这就是施工组织的任务。

具体地说，排水工程的施工组织其任务，应该根据工程项目的技术经济特点以及国家基本建设方针和各项具体的技术政策，实现工程建设计划和设计的要求，提供各阶段的施工准备工作内容，对人力、资金、材料、机械和施工方法等进行科学合理的安排，协调施工中各施工单位、各工种、各项资源间的合理关系。

其中施工准备的内容通常包括技术准备、物资准备、劳动组织准备、施工现场准备和施工场外准备。

技术准备有熟悉、审查施工图纸和有关的设计资料；原始资料的调查分析；编制施工图预算和施工预算和编制施工组织设计等内容。有关施工组织设计内容在下一节中介绍。

物资准备有材料准备；构（配）件、制品的加工准备；机具的准备和生产工艺设备的准备等内容。

劳动组织准备有建立拟建工程项目的领导机构；建立精干的施工队组；集结施工力量、组织劳动力进场；向施工队组、工人进行施工组织设计、计划和技术交底和建立健全各项管理制度等内容。

施工现场准备有施工场地的控制网测量；施工现场的"三通一平"；施工现场的补充勘探；临时设施的建造；施工机具的安装、调试；构（配）件、制品和材料的储存和堆放；及时提供材料的试验申请计划；冬雨期施工安排；进行新技术项目的试制和试验以及设置消防、保安设施等内容

施工的场外准备有材料的加工和订货；分包工作和签订分包合同和向有关部门送交开工申请报告等内容。

（二）施工组织设计的编制

1. 施工组织设计的编制是工程项目施工准备工作的内容之一

基本建设工程项目总的程序是按照计划、设计和施工三个阶段进行。下水道工程也不例外。而施工阶段又分为施工准备、土建施工、设备安装、交工验收阶段。其中施工准备阶段的内容有技术准备、物资准备、劳动组织准备、施工现场准备和施工的场外准备。本章节讲到的施工组织设计的编写就是技术准备中的重要组成部分。

为了在建筑施工生产活动的全过程中正确处理人与物、主体与辅助、工艺与设备、专业与协作、供应与消耗、生产与储存、使用与维修以及它们在空间布置、时间排列等方面的关系，就必须根据拟建工程的规模、结构特点和建设单位的要求，在原始资料调查分析的基础上，编制出一份能切实指导该工程全部施工活动的可行科学方案，即进行施工组织设计的编制。

2. 施工组织设计编制的重要性和作用

从上述可知，施工组织设计是用来指导拟建工程施工全过程中各项活动的技术、经济和组织的综合性文件。由此它的重要性和作用体现了：

（1）从建筑产品及其生产特点，决定了必须根据不同的拟建工程编制不同的施工组织设计。

因为建筑产品有它的空间上的固定性、多样性和体形庞大的特点以及生产的流动性、单件性、地区性、生产周期长、露天作业多、组织协作复杂等特点，项目的设计难免受到自然条件及气候变化的影响，如水文、地质变化而造成设计变更，同时也会受到不同地域资源的供应和价格的变化影响，这些都是客观存在。根本没有完全统一的固定不变的施工方法可供选择。因此，施工前编制的施工组织设计必然要根据施工实施情况进行修改和调整，这样才能使施工组织设计起到指导施工准备和施工过程的作用。同时，施工组织设计也要实施动态管理。这就需要在拟建工程开工前进行统一部署，通过施工组织设计科学地表达出来。

（2）为确保施工阶段的顺利进行、实现预期效果，必须认真编制好施工组织设计。

现代企业管理的理论认为，企业管理的重点是生产经营，而生产经营的核心是决策。施工组织设计的编制就是根据计划和设计文件的规定制定实施的决策（方案）。由于施工方案、施工进度、施工现场平面布置、资源采购及供应计划，在编制施工组织中考虑不周或处理不当都会直接影响施工成本。

（3）企业在市场竞争中需要施工组织设计编制的支撑。

我国经济体制改革不断深化，市场经济体制逐渐完善。加入世界贸易组织（WTO）后将给国民经济带来新的生机，各个行业可直接参与国际市场竞争，这就给企业的发展带来机遇。施工企业实行现代企业制度，改变了企业原有的经营模式和内部的经营结构，以便与国际惯例接轨，适应国际市场的要求。我国实行积极的财政政策以及加大基础设施的投入，将给建筑市场带来更大的机会。施工企业在激烈的市场竞争中，能否取胜，关键看企业的实力，同时还要看标书编制的质量和水平，而施工组织设计编制水平在标书编制中占有重要位置。施工组织设计是项目能否盈利的基础，因为它无论是在投标还是在指导施工方面都是很重要的；它又是项目施工过程管理的依据。为避免按编制好的施工组织设计指导项目施工出现施工成本亏损，或者出现竣工结算超过合同价的现象，也要求在编制施工组织设计时考虑其成本。

3. 施工组织设计编制的分类

根据项目对象和范围，划分为项目施工组织总设计、单位工程施工组织设计和特殊工程施工组织设计及竞标性施工组织设计。

（1）工程项目施工组织总设计

工程项目施工组织总设计是以整个项目为对象编制的，目的是对整个工程项目的施工进行通盘考虑、全面规划，用以指导全场性的施工准备和有计划地运用施工力量，开展施工生产活动，是作为全局性的指导文件。然后在它的指导下，再深入研究总项目下的分项目（单位工程）组织设计。例如，某施工企业承揽到一项新开发区的总体排水工程，此工程含有污水处理厂、泵站、雨水排水管道和污水排水管道，则此项排水工程就是总项目。项目施工总设计，就是作出包含污水处理厂、泵站、雨水排水管道和污水排水管道的总的规划。

（2）单位工程施工组织设计

单位工程施工设计是指在总项目内以独立的分项目工程或单项工程为对象编制的具体施工设计。其任务是按照总体设计的要求，根据现场施工的实际条件，具体地安排人力、物力和建筑安装工程的进行，是施工单位编制作业计划和制定季度施工计划的重要依据。例如上例中谈到的总体排水工程中一个污水处理厂或一个泵站或一个区域的雨水管道工程、污水管道工程等就是分项工程。

如果只承揽一个污水处理厂内的沉淀池建筑，或泵站中的电器安装，则是独立工程项目，也是按单位工程编制施工设计。

（3）特殊的施工组织设计

除了上述两种施工组织设计外，在某些特定情况下，还需要编制特殊的施工组织设计，如：

1）某些施工时间较长的项目，即跨越几个年度的项目，在编制项目施工组织总设计时，不可能准确地预见到以后年度各种施工条件的变化，因而也不可能完全切实或详尽地进行施工安排。因此，需要对原定项目施工总设计在某一年进行进一步具体化或做相应的调整与修正。这时，就有必要编制年度的项目施工组织总设计，用以指导施工。如开发区分三年开发计划，分二期实施，管道部分的施工组织设计分二期要求进行编制。

2）某些特别重要和复杂或者缺乏施工经验的分部分项工程，如引进先进的污水处理设备，建造较为复杂的厂房工程、设备安装工程等。为了保证其施工的工期和质量，有必要编制专门的施工组织设计。但是，编制这种特殊的施工组织设计，其开工与竣工的工期，要与总体施工组织设计一致。

3）对一些特殊条件下的施工，如严寒、雨期、沼泽地带和危险地区（如管道顶管中某段通过瓦斯地层的施工）等，需要采取一些特殊的技术措施，有必要为之专门编制施工组织设计，以保证施工进行和质量要求以及人员安全。

总之，项目施工组织总设计是整个项目施工的龙头，是总体的规划。在这个指导文件规划下，再深入研究各个单位工程，从而制定单位工程的施工组织设计和特殊的施工组织设计。在编制项目施工组织总设计时，可能对某些因素和条件预见未到，而这些因素或条件却是影响整个部署的。这就需要在编制了局部的施工设计组织后，有时还要对全局性的项目施工组织总设计作必要的修正和调整。

（4）竞标性施工组织设计

近年来由于对标书中的施工组织设计要求越来越高，它与指导施工的施工组织设计不同，它是以满足业主的要求为主的。

1）竞标性施工组织设计的特性

竞标性施工组织设计的特性主要表现为：强制性、理念性、答题性、时间性、可视性。

强制性源于业主的要求不改；理念性是为表达投标人遵从的原理和业主要求的思路；答题性是根据业主的要求，表达投标人的承诺，体现出满足其具体要求；时间性指编标时间短，递标是时间固定不变的，因此，编制施工组织设计受到了时间的限制；可视性，由于投标书内容多，而且评标时间短，怎样能让评委在有效评标时间内对施工组织设计有个全面的了解，便于打分，尽量减少文字，必须提高可视化的水平。如能用图和表表达清楚的一律采用图表的方式，表述要简练，信息量大，要一目了然。

2）编制竞标性施工组织设计做到四个一致

我国现行的招标是中国特色的招标，投标人的施工组织设计必须满足业主的要求，有些地方的招标甚至规定了很细致的目录，不符合格式要求，违背业主的意图，业主视为严重错误，作为废标。比如业主要求开工时间3月31日，投标时计划4月1日开工，从本质上没有错，但从严格的意义上讲，则推迟了开工时间；还比如设计采用控制爆破开挖基坑，投标方认为基岩风化严重，可以采用挖掘机开挖，从本质上讲没有错，但却改变了设计施工方法。这些编标中经常遇到的左右为难的地方，如何在标书中下笔？经验告诉我们，标书必须做到四个一致，要与招标文件一致，要与设计文件一致，要与现场一致，要与评标办法一致。

那么，如何保证这四个一致？

第一，要认真阅读招标书、设计图纸和设计说明，争取有一个可借鉴的评标办法。阅读过程中不能遗漏相关的内容、关键词句，称谓时间不能忽视，不明白或含糊不清的地方尽量要业主澄清。对于标前会的发言，要认真记录和领会，对于补遗书、答疑书要传达到参加编制施工组织设计的每一个人。只有完整准确领会了招标文件，明确重点所在，才能编制好。总之不能想当然，轻易放过一个含糊的问题，更不能把重点和关键领会错了。要坚持先吃透招标文件精神，然后确定总体方案，最后动笔编制的程序，千万不要搞颠倒，若发现与招标文件不符，再修改方案要比重写还难。

第二，要认真察看现场，凡是涉及施工方案的主要便道、供电路径、取弃土位置、材料供应方向、重点工程施工现场等重大情况，一定要仔细察看；凡是涉及工程特点描述、自然条件描述的现场地形、地貌一定要仔细察看；派出察看工地的人员一定要精明强干，具有综合的施工组织设计编写能力，这样才能保证施工组织设计不会出现不一致的错误。察看现场一定要采取拍照或录像的方式，带回现场资料，供大家参考。

第三，按照模拟的评标方法，修改完善施工组织设计目录和内容，做到内容全面不漏项。尽管招标书对施工组织设计有一些要求，但评标办法的要求，才是最后的最全面的要求，模拟评标办法或找到相似的评标办法也是保证四个一致的关键所在。编出的标书一定要适合业主和评委的习惯，得到他们的认同。

3) 施工组织设计要能反映企业的综合实力，施工方案应科学、合理，先进可行，措施得力可靠

施工组织设计的核心是其施工方案、施工方法及各项保证措施，反映了一个企业是否具有施工能力，是否有施工经验，是否能让业主放心。投标施工组织设计的目的就是要让业主了解企业的组织和管理水平，反映企业的综合实力。为此，参加编制人员应多看书，多掌握技术、管理方面的信息，多了解现场，熟悉和了解当今国内外的先进施工机械，先进的施工方法，施工工艺和新材料等高科技信息，掌握施工程序及施工方法，科学合理地编制施工进度、安排施工顺序、优化配置劳动力和机械设备，做到在保证合同工期的前提下，充分发挥资源作用。

4) 施工组织设计要注重表达方式的选择，做到图文并茂

在标书的施工组织设计中一定要有其独到表达方式。如果太冗长、重点不突出，提纲紊乱、不一致，逻辑性不强，那么施工方法再先进，方案再科学，评委也不会给高分。

评标的一大特点是时间短，针对这一特点，施工组织设计必须具备鲜明的特点，具有提纲式文本特点，才能让评委看得明白，看得轻松，这是我们编标的基本出发点。

因此，施工组织设计提纲要条理分明，内容要详略得当。好的提纲是把标书的内容有条理地安排好，既有逻辑性，又能一目

了然，还能防止漏项便于评标。在一些标书中容易犯的错误是，目录重点不突出，小提纲里往往包含了大提纲。目录层次要么偏多要么偏少，这需要编制者多学习，清楚基本概念，真正理解什么是施工方案，什么是施工方法，什么是施工工艺，真正理解什么是施工程序，什么是施工顺序，什么是工艺流程等关键概念。

施工组织设计的内容要详略得当，关键的地方如总体方案、关键技术方法要细一点，一般性的常规施工方法、施工工艺要略一些，不可颠倒。此外，要尽量用图、表来表达施工安排和施工方法，因为人们看图看表要比看文字轻松，图与表能够容易完整表达想法。尤其是彩图可以多维表达，突破了二维的限制，应尽量采用。

目前标书的施工组织设计中施工进度安排采用微机绘制施工进度网络图、横道图。正确地反映工序、工作之间的逻辑关系，一目了然地看出施工的前后顺序和关键工作及关键路线。既提高了编制速度，又提高了质量，同时也反映了企业的管理水平。

5）施工组织设计按程序审核和校对，能够消除低级错误（不应该出现的错误）

编制施工组织设计是一个紧张的过程，人们的注意力偏重在自己工作的狭窄方面，容易形成定式思维，对低级错误视而不见。消除低级错误的方法之一是依靠编标人员的细心和经验，依靠编标人员按照程序自行检查校对。方法之二是要坚持换手检查和校对，很多低级错误换人检查很容易发现，换手检查效果非常明显。一般容易犯的低级错误有：关键名词采用口语化，简略化，不按招标文件写；开工竣工时间与招标文件有差异，施工进度前后不一致（尤其是修改工期后，总有一部分工期遗漏改正）；摘抄其他标书时地名、工程名称，不能完全改过来，多人编写的标书前后出现矛盾不一致。

我国已加入世界贸易组织，建筑业要走向国际市场，在国际建筑市场投标竞争，仍然是低价中标。对施工组织设计的要求是合格即为通过。标书在本质上应不出现违背性的词句和违背性的方案错误。但国际招标往往要求提供选择性方案和提供选择性报价，这就要求编标人员自行进行新方案的设计和工程量计算，而且要非常准确、可行。因此国际招标对施工组织设计人员的素质要求更高，不仅要懂施工，还要有一定的设计能力。因此，编标人员要抽出时间，到现场观摩学习，尤其要创造机会与设计人员交流。

4. 施工组织设计的编制

（1）内容

1）施工组织总设计的内容

①建设项目的工程概况；

②施工部署及主要建筑物或构筑物的施工方案；

③全场性施工准备工作计划；

④施工总进度计划；

⑤各项资源需要量计划；

⑥全场性施工总平面图设计；

⑦各项技术经济指标；

⑧结束语。

2）单位工程施工组织设计的内容

①工程概况及其施工特点的分析；

②施工方案的选择；

③单位工程施工准备工作计划；

④单位工程施工进度计划；

⑤各项资源需要量计划；

⑥单位工程施工平面图设计；

⑦质量、安全、节约及冬雨期施工的技术组织保证措施；

⑧主要技术经济指标；

⑨结束语。

3）分部分项工程施工组织设计的内容

①分部分项工程概况及其施工特点的分析；

②施工方法及施工机械的选择；

③分部分项工程施工准备工作计划；

④分部分项工程施工进度计划；

⑤劳动力、材料和机具等需要量计划；

⑥质量、安全和节约等技术组织保证措施；

⑦作业区施工平面布置图设计；

⑧结束语。

有关特殊的施工组织设计、竞标性施工组织设计的内容除上述内容外，针对其特点补充该设计的固有内容，这里不多加叙述。

（2）编制

1）编制准备工作

在编制工程项目施工设计之前，要做好充分的准备工作，为编制项目施工组织设计提供可靠的第一手材料。第一要对合同文件及标书进行研究，第二要对施工现场环境进行调查。

2）编制依据

①项目施工组织总设计的编制依据

A. 项目施工合同或上级指令性任务的要求；

B. 工程设计图纸及说明书；

C. 现场调查资料；

D. 有关定额，如概算指标、工期定额、万元指标或各单位自己积累的工程所需消耗的劳动量、材料等指标；

E. 自包与分包单位的施工能力及技术水平；

F. 现行有关技术标准、施工规范或规则等。

②项目施工组织设计的编制依据

A. 施工图；

B. 施工企业生产计划；

C. 工程预算、定额资料和技术经济指标；

D. 施工现场条件。

3）编制原则

①满足合同工期要求或上级规定的工期，并适当留有余地。

②全面规划，保证重点，统筹安排，优先安排控制工期的关键工程。

③科学合理地安排施工顺序。

4）编制程序和步骤

①编制程序如图11-1所示。

②编制步骤：

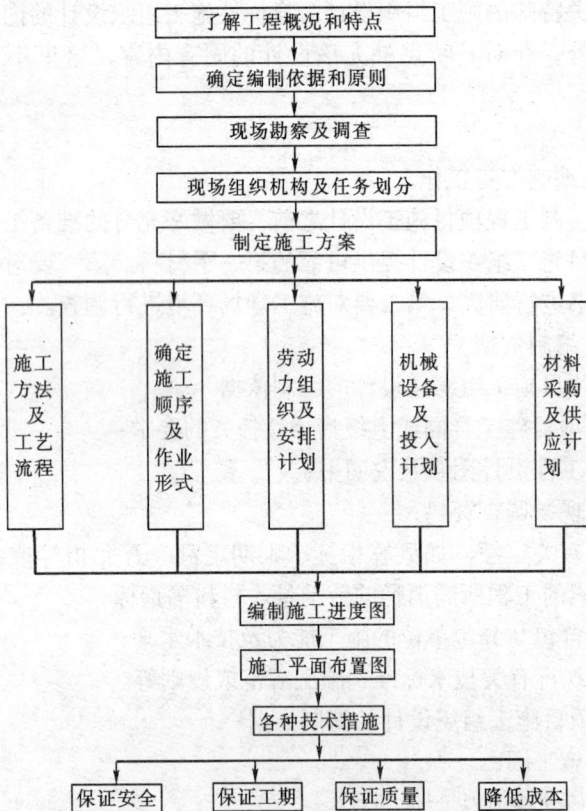

图11-1　工程施工组织总设计的编制程序图

A.计算工程量；

B.拟定或确定施工方案；

C.确定施工顺序，编制施工进度；

D.计算劳动力和各项资源的需要量和确定供应计划；

E.配备施工现场场地使用和水电路等的设施安置；

F.规划和设计施工总平面图

（三）施工现场管理

施工现场管理的对象是千差万别的，施工过程中内部工作与外部联系是错综复杂的，没有一种固定不变的组织管理方法可运用于一切工程，因此，在不同的条件下对不同的施工对象需采取不同的管理方法。

1.管理内容

施工现场管理的范围较广，从施工准备开始到施工阶段的全过程，直至竣工验收、工完场清。在各个不同阶段有其不同的内容。

在施工准备工作阶段，应首先组织有关人员熟悉图纸，进行实地调查踏勘，参加图纸会审等，并编制施工组织设计，施工预算，做好现场定线放样工作。在开工前还必须做好有关单位的施工协作配合工作，为施工顺利进展创造条件。其内容包括施工临时用地问题；召开地下管线的施工配合会议，解决地下管线的保护、迁移、施工等的配合问题；召开交通配合会议，讨论施工区域内各种车辆管理措施等和落实有关文明施工的安排与措施。施工队伍进场前还要做好临时设施搭建工作，并完成接通水、电源及通讯设备。

在施工进行阶段，要做好施工现场的管理工作，包括：落实现场管理机构；建立工程项目目标承包责任制；编制月作业进度计划；布置落实作业班组的任务及现场的平衡调度，控制物资消耗，加强成本核算。做好施工技术管理工作，开展经常性的质量、安全、文明施工的检查活动。

工程结束阶段，应及时正确地编制竣工资料，以便于工程验收、交付使用，做好工程决算及现场的清理工作。

现将施工阶段的主要管理工作简述如下：

（1）现场管理机构

单位工程施工现场管理水平高低是决定工程施工能否顺利进行、确保工程进度、质量、安全的关键，也是降低工程成本、提高经济效益、实现文明施工、提高社会效益的重要因素，它将直接影响施工企业在社会上的形象。为了促使工程管理水平的提高，目前常采用单位工程目标承包责任制的形式，即以落实经济责任制的形式进行承包，从而把责任、权力、利益结合起来，同时为了全面完成工程任务，必须对参与工程施工管理的全部人员明确目标责任，并层层分解到班组和各个岗位，达到层层负责，人人负责。这是保证单位工程施工达到预期效果的重要保证措施。

（2）施工进度计划管理

施工进度计划的管理就是根据施工组织设计中既定的总工期和各项目工期付诸实施。为了确保完成工期目标，还要将施工组织设计中的进度计划表进行分阶段的细化，即做到长计划短安排。在施工过程中要有月、旬（或周）作业计划，不断地调整、平衡由于各种不可预测的因素（如天气、地下降碍物等等）而造成工期后延所损失的时间，使控制性的阶段工期和总工期不脱节。

（3）技术管理

在施工阶段中的现场技术管理，主要包括各种技术要求和措施的交底、贯彻实施与检查等。

1）技术交底

技术交底是工程施工的重要环节，它有多种形式和内容，通常包括工程的全面交底，结合分阶段任务的技术交底、施工操作规程及质量标准交底，对技术较复杂，要求较高的难点、节点工程，要专门交底，高级工还应做好技术操作的示范和指导。交底的形式可以是口头交底、书面交底、现场交底等。

2）质量管理

工程施工的质量管理关键是施工全过程的管理和对材料、成品、半成品的检验，它包括测量放样、复核、隐蔽工程验收、材料试验、工序交接检查，接管监理部门的检查、开展质量检查活动等等，详见九、质量管理。

3）安全生产

在布置生产任务时，应同时对安全技术规程与要求进行交底，并结合工程及气候的特点，做好各项安全工作，特别是工程紧张阶段及冬季、高温、雨季的安全措施更为重要，对机械设备的安全要加强检查。另外，还应开展定期或不定期的安全活动等。

4）施工阶段应做好各种原始记录和统计工作。

5）竣工资料

竣工资料包括各种原始记录、业务联系单、工程变更图与记录、技术检验记录、竣工图及竣工数量记录等等，这也是技术管理的重要部分。

（4）协调工作

协调工作就是工程负责人要善于收集有关信息，及时地发现各种矛盾和分歧，并能采取妥善对策和措施，及时予以解决，从而克服各种阻力、促使工程的顺利进展。鉴于下水道工程施工的特点和受到诸多因素的干扰，协调工作显得尤为重要。例如城市下水管道工程施工中，常受到各种公用事业管线影响，使沟槽的打钢板桩、开挖等工序难以展开时，就必须做好各方协调工作、防止相互干扰；又如各道工序、各个环节之间的矛盾，上下交叉作业的矛盾等等，都需要通过不断的协调加以统一。

（5）文明施工

由于下水道工程的施工是野外作业，直接与广大人民群众接触，也直接影响着人民的生活和工业生产，因此施工人员必须对文明施工的重要性有相当的认识，提高文明施工的责任性，严格按有关规定施工，减少人为的对公用管线的损伤事故，认真做好便民利民措施，从而提高施工企业的社会信誉。

文明施工包括：施工区域与非施工区域要有明显有效的分隔措施；切实做好施工临时排水措施，并解决好沿途单位和居住区的雨、污水管的出水，对于施工需要封堵的排水管道头子应做好记录，按时拆除；施工时不封或半封交通的，要有保证车辆运行宽度的车行道和人行通道，封锁交通施工时也要为人行通道创造条件；施工前要查清地下各种公用管线分布情况，并做好保护措施；施工用电应符合安全操作规定；施工现场及生活区要整齐、整洁、文明。施工现场必须挂牌。

总之，施工阶段全过程的管理工作，是根据企业的施工计划和施工组织设计，对拟建工程施工过程中的进度、质量、节约、安全、协作配合、现场布置及施工中出现的各种矛盾，进行组织与指挥，协调与控制、监督与检查，解决问题，落实计划，保证正常施工，全面完成工程任务。

2. 管理方法

随着我国改革、开放形势的发展和社会主义市场经济的逐步建立，使我国长期来的传统管理体制和模式，逐渐显露其许多弊端。随着改革的需要，顺理成章地从国外引进了具有管理科学体系的工程项目管理理论。该理论广泛应用了系统论、控制论、信息论、组织论、行为科学、价值工程、预测技术、决策技术、网络计划技术、数理统计等。经过大量的施工管理的实践，目前我国普遍采用了项目管理法进行工程施工的管理。

项目管理法的核心是现代化管理，即科学化管理。它必须建立系统观念、市场观念、用户观念、效益观念、竞争观念、时间观念、以及变革和创新观念。它强调施工项目管理的主体是以项目经理为首的项目经理部，即作业管理层，管理的客体是具体的施工对象、施工活动及相关生产要素。因此，它的内容就是建立施工项目管理组织；进行施工项目管理规划；进行施工项目的目标控制；对施工项目的生产要素进行优化配置和动态管理；施工项目的合同管理和施工项目的信息管理。

工程施工组织设计管理最能反映其动态管理。因为按合同书要求编制的指导性或实施性施工组织设计在工程施工全过程中变是绝对的，不变是相对的，如施工方法的变更，必须要及时地调整资源的配备；外部条件的变化影响资源组合的变化而进行资源组合调整；资源进场的变化而进行施工顺序的调整；施工进度拖后影响工期时对施工进度进行调整；各种因素的变化引起资源供应计划的调整以及随着施工的进展需进行现场施工平面布置的修改等等。

（四）班组管理、劳动组合

1. 班组管理

班组是企业的基本生产单位，也是项目管理的落脚点。加强班组管理既有利于企业的实力加强，也有利于施工项目的高产优质地完成。

（1）班组管理的基本内容

1）根据企业的方针目标和施工项目的计划，有效地组织生产活动。

2）坚持实行和不断完善以提高工程质量，降低各种消耗为重点的多种形式的经济责任制和各种管理制度，抓好安全和文明施工，维持施工所必须的正常秩序，积极推行现代化管理方法和手段，不断提高班组管理水平。

3）组织班组人员参加政治、文化、技术、业务学习，开展行之有效的思想政治工作，不断提高他们的个人素质和群体素质。

4）广泛开展技术革新、技术练兵和合理化建议活动，组织劳动竞赛，努力培养多工种人才和技术能手。

（2）班组管理方法

1）推选素质高、人品好、有技术、懂管理的工人担任班组长；

2）实行班组长责任制；

3）健全班组管理制度，包括班组经济责任制、安全生产制度、技术练兵制、QC 活动制度、班组民主管理制等。

4）成立班组工会小组，保护职工群众利益。

2. 班组劳动组合

班组的劳动力组合，实际上是劳动力优化配置的范畴。其目的是保证企业方针的有效贯彻，保证生产计划或施工项目进度计划的实现，使人力资源得到充分利用，降低工程成本。

（1）组合形式

1）专业班组。即按施工工艺，由同一工种（专业）的工人组成班组。专业班组只完成其专业范围内的施工过程。这种组织形式有利于提高专业水平，提高熟练程度和劳动效率，但是协作配合增加了难度。

2）混合班组。它由相互联系的多工种工人组成，可以在一个集体中进行混合作业，工作中可以打破每个工人的工种界限。这种班组对协作有利，但却不利于专业技能及熟练水平的提高。

3）大包队。这实际上是扩大了的专业班组或混合班组，适用于一个单位工程或分部工程的作业承包。该队内还可以划分专业班组。其优点是可以进行综合承包，独立施工能力强，有利于协作配合，简化了管理工作。

（2）班组人员的组织结构

1）一个施工班组人数不宜过多，多了则管理、指挥不便。少则几个人，多则十几人，一般以 20 人左右为宜。年龄结构应老中青结合，中、青年占多数。技术级别上是高、中、低三者结合，以中、低级为主，呈三角形状态，以便承上启下，保持企业的发展活力。

2）也可以按国家编制的本工种施工劳动定额中所核定的平均技术级别，适当进行搭配，构成施工班组。

3）实行计件工资制的单位，"自由组合"的班组，应注意班组成员不要在年龄结构上和技术级别上一边倒。做到合理组织施工班组。全是初级工组成的班组虽有劳动干劲，身体素质好，但缺乏施工操作经验，技术上无人把关，复杂的技术工作或操作难度大的、精度要求高的任务就不能胜任，在工程质量上达不到验收标准而造成返工浪费，影响工期，使企业和个人在经济上受到不应有的损失。若全是高级工所组成的班组，就会出现高级工做低级工工作，造成人才的浪费，达不到劳动定额所规定的工作量要求，经济上受损失，且影响施工总进度计划的实现。

参 考 文 献

1. 张亨琪主编. 下水道工

2. 李良训主编. 市政管道工程. 北京：中国建筑工业出版社，1998

3. 李军主编. 高等公路机械化施工设备与技术. 北京：人民交通出版社，2003

4. 柯葵、朱立明、李嵘编. 水力学. 上海：同济大学出版社，2000

5. 秦根杰主编. 看图学施工测量技术. 北京：机械工业出版社，2003

6. 上海市市政工程管理局编. 市政工程施工及验收技术规程. 1993

7. 余彬泉编. 顶管施工技术. 1995

8. 李辉、蒋宁生主编. 工程施工组织设计编制与管理. 北京：人民交通出版社，2003